U0238303

内容提要

本书针对蜂产品安全生产问题，结合养蜂生产实际，采用通俗易懂的语言，详细讲述各养蜂环节的管理要点和操作规范。内容包括蜂场建立、养蜂基本操作技术、养蜂基本管理、蜂群阶段管理、人工育王和蜜蜂产品生产等，基本包含了蜂产品生产的技术环节。可作为养蜂生产者技术指南和养蜂技术培训教材，也可供养蜂科技工作者、蜂业管理者、蜂产品经营者以及养蜂爱好者参考。

农产品安全生产技术丛书

蜜蜂安全生产技术指南

周冰峰　主编

中国农业出版社

编写人员

主　　编：周冰峰

编写人员：周冰峰　朱翔杰

徐新建　周姝婧

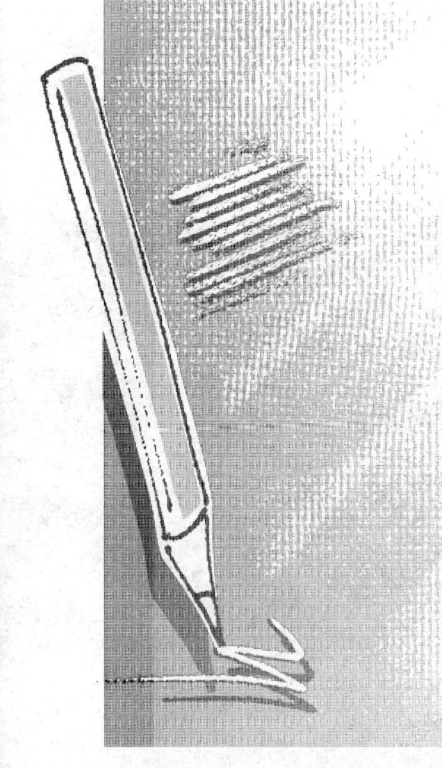

NONGCHANPIN ANQUAN
SHENGCHAN JISHU CONGSHU

前 言

蜜蜂安全生产是我国养蜂现阶段需要解决的问题，突出反映在蜜蜂产品的品质和安全。蜜蜂产品的品质主要受蜂种、蜜粉源植物、蜜蜂饲养管理技术、蜜蜂产品生产环境影响。例如，蜂王浆的品质受蜂种的影响很大，蜂蜜、蜂花粉、蜂王浆等产品的品质与蜜粉源植物的种类和数量有关，蜂蜜成熟度与蜜蜂饲养强群和控制分蜂热等技术密切相关，阴雨潮湿的环境蜂蜜含水量高，干燥、风沙大的环境蜂花粉中含有泥沙等。蜂产品安全主要是指蜂产品中蜂药残留、农药残留和有害物质污染。蜂药残留是蜂产品安全的主要问题，解决的根本方法是选育和使用抗病良种，饲养强群提高蜂群的抗病能力，及时灭杀初发新病的蜂群，做好防疫工作，辅之合理、安全防治。

针对蜂产品安全生产问题，结合养蜂生产实际，由福建农林大学蜂学学院专业教师、国家蜂产业技术体系中华蜜蜂饲养岗位科学家团队编写了本书。具体编写分工是：周姝婧编写第一章，朱翔杰编写第二章和第五章，徐新建编写第三章，周冰峰编写第四章和第六章。本书初稿完成后由周冰峰统稿。

本书采用通俗易懂的语言，详细讲述各养蜂环节的管理要点和操作规范。内容包括蜂场建立、养蜂基本操作和管理、蜂群阶段管理、人工育王、蜜蜂产品生产等，基本包含了蜜蜂产品生产的技术环节。可作为养蜂生产者的技术指南和养蜂技术培训教材，也可供养蜂科技工作者、蜂业管理者、蜂产品经营者以及养蜂爱好者参考。

国家蜂产业技术体系是农业部以蜂产品为单元，以蜂产业为主线设立的公益性研发组织，最重要的基本任务是蜂产业关键技术研发、集成与示范。“十二五”期间国家蜂产业技术体系的重点任务之一是蜜蜂规模化饲养技术的研发、集成与示范。本书是蜜蜂规模化饲养的基础，在掌握本书的基本养蜂技术后，通过蜜蜂规模化饲养技术瓶颈分析，简化管理操作、研发机具、改良蜂种等方法突破瓶颈，以达到提高规模和效益、减轻劳动强度目的。欢迎生产第一线的养蜂工作者与我们联系，共同促进我国养蜂技术的进步。联系方式：E-mail：bingfengfz@126.com；0591-83776691。

编　者

2012年2月

目　录

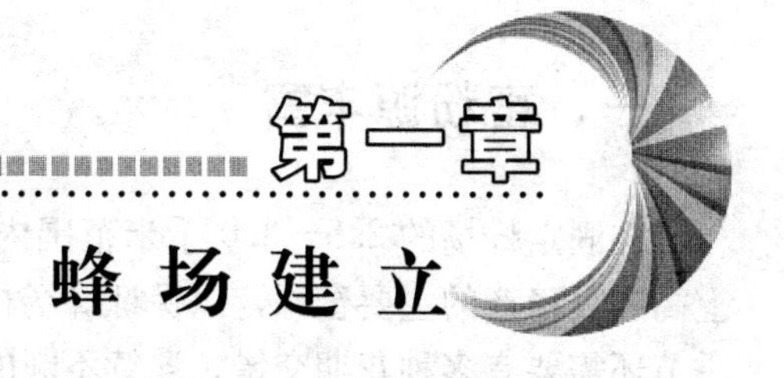

第一章 蜂场建立

蜂场建立与蜜蜂安全生产密切相关，应根据蜂场的主营项目和养蜂规模、养蜂目的进行选址和总体规划。

第一节　养蜂固定场址的选择

不同类型的蜂场对场址的选择要求有所不同，生产蜂蜜、蜂王浆、蜂花粉等蜂产品的蜂场，最重要的是蜜粉源丰富；专业育王和培育笼蜂的蜂场，出售和出租蜂群的授粉蜂场等对辅助蜜粉源和小气候环境条件要求较高。有农家乐功能的休闲蜂场（即在城市的商业区或次商业区设立蜜蜂产品的销售窗口，组织消费者和潜在消费者到自办或联办的蜂场休闲旅游、消费，刺激参与者的购买欲），除了具备蜜粉源、小气候等养蜂条件外，更重要的是具备路途较近、交通方便、环境幽雅宁静、空气清新、覆盖无线通信网络等条件。

养蜂场址的选择是否理想，直接影响养蜂生产的成败。选择养蜂固定的场地时，要从有利于蜂群发展和蜂产品的安全生产来考虑，同时也要兼顾养蜂人员的生活条件。必须通过现场认真的勘察和周密的调查，才能作出选场决定。在投入大量资金建场之前，一定要特别慎重，需经 2～3 年的养蜂实践后，如确实符合要求方可进行固定场址基建。

养蜂场址应具备蜜粉源丰富、交通方便、小气候适宜、水源良好、场地面积开阔、蜂群密度适当、人蜂和产品安全等基本条件。

一、蜜粉源丰富

在固定蜂场的2.5～3.0千米范围内，全年至少要有一种以上高产且稳产的主要蜜源，以保证蜂场稳定的收入。在蜜蜂活动季节还需要有多种花期交错、连续不断的辅助蜜粉源，尤其是早春的粉源应丰富，为蜂群的生存与发展及蜂王浆、蜂花粉、蜂胶等蜜蜂产品的生产提供保证。花期经常施农药的蜜源作物，不适宜蜜蜂安全生产。

蜂场应该建在蜜源的下风处或地势低于蜜源的地方，以便于蜜蜂的采集飞行。在山区建场还应考虑蜜粉源与蜂场之间的垂直距离应小于1 000米。

二、交通方便

蜂场交通条件与生产、产品运输和养蜂人的生活都有密切的关系。蜂群、蜂机具、饲料糖、蜜蜂产品的运输销售以及蜂场职工和家属对生活物资的购买都需要比较便利的交通条件。如果蜂场的交通条件太差，就会影响蜂场的生产和养蜂员的生活。

交通十分方便的地方，野生蜜粉源资源往往也被破坏得比较严重。因此，以野生植物为主要蜜源的定地蜂场，要协调好蜜粉源和交通条件之间的关系。

三、适宜小气候

蜂场应选择在地势高燥、背风向阳等冬暖夏凉的地方。山区蜂群可安置在山腰或近山麓南向坡地上，背有高山屏障，南面有一片开阔地，阳光充足，中间布满稀疏的林木。这样的蜂场场地春天可防寒风侵袭，盛夏可免遭烈日暴晒，有利于蜂群的活动（图1）。

图1 林木下的山区蜂场

四、水源良好

蜂场应建在有良好水源的地方，即常年有干净的流水或较充足活水水源，且水体和水质良好。但是，蜂场也不宜设在水库、湖泊、河流、水塘等较大面积的水域附近（图 2a）。因为在刮风的天气，蜜蜂采集归巢或蜜蜂采水时容易落入水中溺水淹死（图 2b、c），处女王交尾也常常因大风掉落水中而损失。此外，还要注意蜂场周围不能有污染或有毒的水源，以防引起蜂群患病、蜜蜂中毒和污染蜜蜂产品。

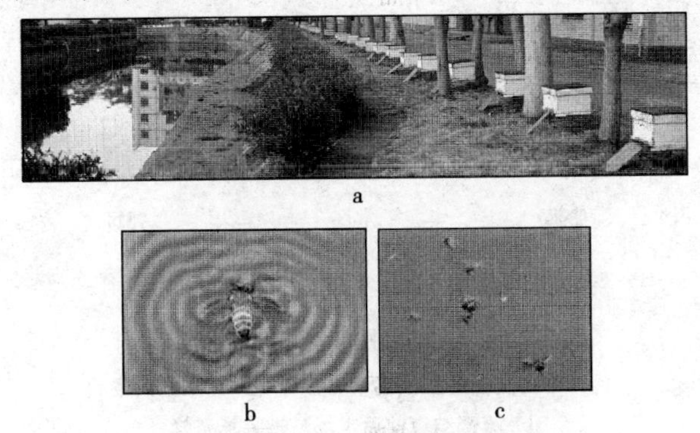

图2 水塘边不宜摆放蜂群

a. 水塘边摆放蜂群 b. 溺水挣扎的蜜蜂 c. 水中淹死的蜜蜂

五、蜂群密度适当

蜂群密度过大，不仅减少蜂产品的产量，还易发生偏集而导致病害传播，而且在蜜粉源枯竭期或流蜜期末容易在邻场间引起盗蜂。蜂群密度太小，又不能充分利用蜜源。在蜜粉源丰富的情况下，在半径 0.5 千米范围内蜂群数量不宜超过 100 群。

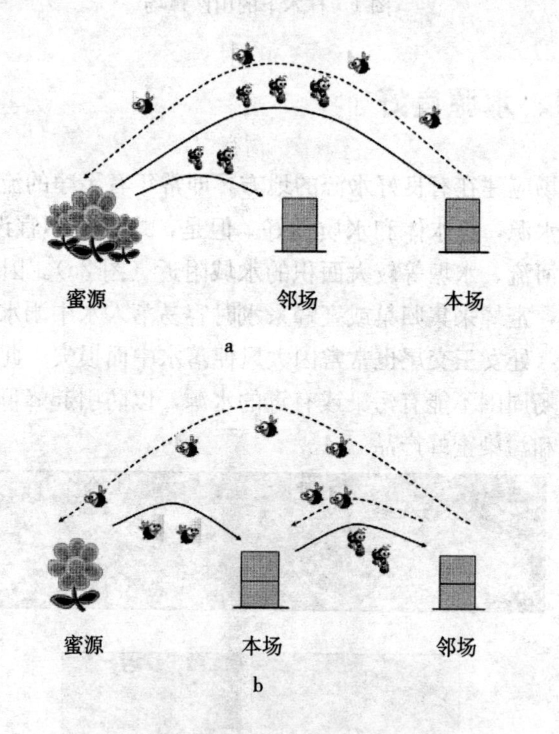

图 3　相邻蜂场影响示意图

a. 本场蜜蜂采蜜归途中易受邻场影响发生偏集

b. 流蜜结束前后木场易被临场盗蜂

（虚线表示出巢路线，实线表示归巢路线）

养蜂场址的选择还应避免与相邻蜂场的蜜蜂采集飞行路线重

叠。如果在蜂场和蜜源之间有其他蜂场，也就是本场蜜蜂采集飞行路线途经邻场，在流蜜期易发生采集蜂偏集邻场的现象（图3a）。如果蜂场设在相邻蜂场和蜜源之间，也就是蜂场位于邻场蜜蜂的采集飞行路线上，在流蜜后期或流蜜期结束后易发生盗蜂（图 3b）。

六、保证人蜂安全

建立蜂场之前，还应该清楚蜂场周围对人员和蜂群有危害的因素，并且尽量规避。如避免在有狗熊等大型野兽、黄喉貂（图4）、胡蜂（图 5）等危害蜜蜂动物存在的地方建场。在可能发生山洪、泥石流、塌方等危险地点也不能建场。在溪流等水域附近建场，需了解该地历史最高水位，以防水灾（图 6）。山林地区建场还应该注意预防森林火灾，除应设防火路之外，还需注意逃生路线。北方山区建场，还应特别注意在冬季大雪封山的季节仍能保证人员的进出。

图 4　黄喉貂

蜜蜂喜安静，养蜂场应远离铁路、厂矿、机关、学校、畜牧场等地方。从蜜蜂安全生产的角度，在香料厂、农药厂、化工厂以及农药仓库等环境染严重的地方不能设立蜂场。蜂场也不能设

a b c

图5 胡蜂和胡蜂巢
a. 巢前胡蜂 b. 胡蜂 c. 胡蜂巢

图6 被水淹过的蜂场

在糖厂、蜜饯厂附近，因为蜜蜂在缺乏蜜源的季节，就会飞到糖厂或蜜饯厂采集，不但影响工厂的生产，对蜜蜂也会造成很严重损失。

第二节 蜂场建设

蜂场建设应根据蜂场场地的大小、蜂场地理位置的气候条件、蜂场的规模、蜂场的经营形式、养蜂生产的类型等不同的因素而确定。例如，生产蜂场应建设专门的生产操作车间，观光示范蜂场则应进行园林化布置、设立展示厅，兼营销售和加工的蜂场应设立营业场所和蜂产品加工包装车间等。

一、养蜂场设施

在场地选定以后，常年定地饲养的蜂场应本着勤俭办场的方针，根据地形、占地面积、生产规模等兴建房舍。蜂场建筑按功能分区，合理配置。养蜂场设施包括养蜂建筑、生产车间、办公和活动场所、生活建筑、营业场所和展示厅等。

（一）养蜂建筑

养蜂建筑是放置蜂群的场所，主要包括养蜂室、越冬室、越

a

b

图 7　养蜂室

a. 养蜂室外观　b. 室内蜂箱的外壁巢口

冬暗室、遮阴棚架、挡风屏障等。这些养蜂建筑并不是所有蜂场都必需的，可根据气候特点、养蜂方式和蜂场的需要有所选择。

1. 养蜂室 养蜂室是饲养蜜蜂的房屋，也称为室内养蜂场，一般适用于小型或业余蜂场。养蜂室通常建在蜜源丰富、背风向阳、地势较高的场所。呈长方形，沿室内墙壁排放蜂群，蜂箱的巢门通过通道穿过墙壁通向室外（图 7a）。室外墙壁巢口，有蜜蜂能够明显区别的颜色和图形作标记，以减少蜜蜂的迷巢（图 7b）。养蜂室的高度依蜂箱层数而定，室内只排放一层蜂箱至少需 2 米，每增加一层室内高度应增加 1.5 米。养蜂室的长度由蜂群数量和蜂箱长度、蜂箱间距离决定。室内蜂群多呈双箱排列，两箱间距离 160 毫米，两组间距离 660 毫米。养蜂室内的宽度为蜂箱所占的位置和室内通道的宽度总和，室内通道宽度一般为 1.2～1.5 米。

养蜂室以土木结构或砖木结构为主，在较温暖的地区可采用单层壁，在寒冷的地区则需双层壁。养蜂室的门应设在侧壁中间，正对室内通道。养蜂室墙壁上方开窗，并在窗上安装遮光板，平时放下遮光板，保持室内黑暗，检查和管理蜂群时打开遮光板，方便管理操作。窗上安装脱蜂装置，以使在开箱时少量飞出的蜜蜂飞到室外。

2. 越冬室 越冬室是北方高寒地区蜂群的室内越冬场所。北方蜂群在越冬室内的越冬效果，取决于越冬室的温度控制条件和管理水平。

北方越冬室的基本要求是隔热、防潮、黑暗、安静、通风、防鼠害。越冬室内的温、湿度必须保持相对稳定，温度应恒定在 0～2℃为宜，最高不能超过 4℃。室内的相对湿度应控制在 75％～85％，湿度过高或过低对蜂群的安全越冬都不利。越冬室过于潮湿，易导致蜂蜜发酵，越冬蜂消化不良；越冬室过于干燥，越冬蜂群中贮蜜脱水结晶，造成越冬蜂饥饿。一般情况下，东北地区越冬室湿度偏高，应注意防潮湿；西北地区越冬室过于干燥，应采取增湿措施。

越冬室内温、湿度的控制，主要由越冬室的进出气孔调节，越冬室的大小和进出气孔的配置，可视蜂群的数量来决定。一个10框标准蜂箱应约占有0.6米^{3}空间，一个16～24框横卧式蜂箱应有1米^{3}的空间，进出气孔的大小和数量应按每群各3～5厘米^{2}的面积设计。越冬室的高度一般为2.40米，宽度分两种，放两排蜂箱的越冬室宽度为2.70米，放四排蜂箱的越冬室宽度为4.80～5.00米。越冬室的长度则根据蜂群的数量而定。宽度为5.00米的越冬室，长4.60米可放60个标准箱的蜂群，长7.50米可放100个标准箱的蜂群，长度13.00米可安放200个标准箱的蜂群，长18.70米能放置300标准箱的蜂群。

北方越冬室的类型很多，主要有地下越冬室、半地下越冬室、地上越冬室以及窑洞等。越冬室的类型可根据地下水位的高低选建。

（1）地下越冬室　地下越冬室比较节省材料，成本低，保温性能好，但应解决防潮的问题。在水位3.5米以下的地方可以修建地下越冬室。地下越冬室可以是每年使用一次的，也可以是永久性的。

在地下越冬室的四周立起数根木杆，并沿着地窖的四壁，在木杆上钉木板或树皮，板墙与窖壁之间形成200毫米的夹层，在

图8　地下越冬室

夹层中填入碎干草或锯末。地下越冬室地面垫上油毡或塑料薄膜，其上再铺上 50～100 毫米的干沙土（图 8）。蜂群越冬的地下越冬室不要挖得过早。为了避免潮湿，东北地区地下越冬室最好在 11 月初进行建设。如果地下越冬室未使用木板或砖石修筑永久性结构，应每年都重新建设。

a

b

图 9　全地下双洞越冬室

a. 越冬室外部　b. 越冬室的室内

全地下双洞越冬室是吉林养蜂所设计的一种地下越冬室，越冬室顶部与地平面平齐，可在上面修筑地上仓库，以充分利用地面（图 9a）。双洞越冬室内的基本结构与其他地下越冬室基本相同（图 9b）。只是在地下越冬室的中间纵向砌一道墙，将地下越冬室分隔为两个空间，以利于调节两个空间的不同室温，方便不同的室温排放不同群势的蜂群。修建全地下双洞越冬室，首先要挖一个宽度为7.00米、深2.70米的土方，长度根据需要确定，用石头（砖）和水泥砌成700毫米厚的四周墙壁和中间一道墙。上面覆盖水泥预制板或木板，再在其上铺一层300～600毫米厚的黏土。越冬室的地面用水泥铺成，并沿四壁设排水沟，通向室外。室门分别留在两侧斜坡通风口处，并设门洞，通过两层门进入室内。两个进气管分别由门外地下方深入室内，接通4个进气内孔。4个出气管通过上盖将室内潮湿的空气排出。这种越冬室的特点是，可以分别调节室温，防震隔音，减少越冬蜂群间的相互影响，适用于大型的专业定地养蜂场。这种越冬室蜂群越冬更安全，比一般越冬室的越冬蜂死亡率明显减少。

a

b

图10　普通民房可用作地上越冬室

a. 普通民房越冬室外观　b. 地上越冬室内

（2）地上越冬室　在地下水位较高的地区，越冬室应修建在地上。地上越冬室要求保温性好，可以用符合保温条件的普通民房替代（图10），也可以在墙内再加上一道内墙。在两层墙之间保留500毫米的空隙，空隙中填塞锯末、碎麦秆等保温材料。如果越冬室的保温主要依靠两墙壁间的保温物起作用，墙壁就不必太厚。房顶除了有防雨房盖之外，还必须有一个严密的二层棚。防雨盖与外墙相接，二层棚与内墙承接。二层棚上也堆积300～

500毫米锯末等保温物，并使两墙壁之间的保温物形成一个整体，提高保温效果。进气孔设在两侧墙壁，沿地平面伸入室内。出气孔均匀地分布在靠近二层棚的墙壁上，使空气从两个山墙的大百叶窗口流出。也可以使出气孔像烟筒一样从房盖上直接伸出室外。

图11　半地下越冬室

（3）半地下越冬室　在地下水位比较高而又寒冷的地区，适合建筑保温性较强的半地下越冬室。半地下越冬室的特点是一半在地下，一半在地上，地上部分基本与地上越冬室结构相同。地下部分要深入1.2～1.5米，根据土质情况还需打0.3～0.5米的地基（图11）。沿地下部分的四周用石头砌成1.0米厚的石墙，到地上改为两层单砖墙壁，中间保持0.3米的空隙填充保温材料。为了防潮，在室内地面铺上油毡或塑料薄膜，并在其上再铺一层0.2米左右的干砂土。在半地下越冬室

图12　蜂　棚

外，距离外墙壁2米处沿越冬室的外墙壁挖一个略深于室内地平面的排水沟，拦截积水，保持室内干燥。进气孔可从两侧排水沟伸入室内。半地下越冬室的其他设施与地上越冬室相同。

3. 蜂棚和遮阴棚架 蜂棚是一种单向排列养蜂的建筑物，多用于华北和黄河流域。蜂棚可用砖木搭建，三面砌墙以避风，一面开口向阳（图12）。蜂棚长度根据蜂群数量而定，宽度多为1.3～1.5米，高为1.8～2.0米。

图13 遮阴棚架

南方气候较炎热，蜂场遮阴是必不可少的养蜂条件。遮阴棚架在排放蜂群地点固定支架，四面通风，顶棚用不透光的建筑材料（图13）或种植葡萄、西番莲（图14a)、瓜类等绿色藤蔓植物（图14b)。遮阴棚架的长度依排放的蜂群数量而定，顶棚宽度为2.5～3.0米，高度为1.9～2.2米。

4. 挡风屏障 北方平原蜂场无大然挡风屏障，冬季和春季的寒风影响蜂群的安全越冬和早春的群势恢复。因此，北方蜂场应在蜂群的西北方向设立挡风屏障，以抵御寒冷的北风对室外越冬和早春蜂群的侵袭。

挡风屏障设在蜂群的西侧和北侧两个方向，建筑挡风屏障的材料可因地制宜选用木板、砖石、土坯、夯土、草垛等（图15)。挡风屏障应牢固，尤其在风沙较大的地区，防止挡风墙倒塌。挡风屏障的高度为2.0～2.5米。

a

b

图 14　植物遮阴棚架

a. 西番莲　b. 遮阴棚架

（引自陈盛禄，2001）

图 15　草垛挡风屏障

（二）生产车间

大中型蜂场需要较完备的生产车间，主要包括蜂箱蜂具制作、蜜蜂产品生产、蜜蜂饲料配制、成品加工包装等场所。

1. 蜂箱蜂具制作室　蜂箱蜂具制作室是蜂箱蜂具制作、修理和上础的操作房间。室内设有放置各类工具的橱柜，并备齐木工工具、钳工工具、上础工具以及养蜂操作管理工具等。蜂箱蜂具制作室必备稳重厚实的工作台。

2. 蜜蜂产品生产操作间　蜜蜂产品生产操作间分为取蜜车间、蜂王浆等产品生产操作间、榨蜡室等。

取蜜车间是分离蜂蜜的场所，是现代化养蜂场的重要建筑。取蜜车间的规模依据蜂群数量、机械化和自动化程度而定。大型取蜜车间最好选建在斜坡地上，形成双层楼房，上层为取蜜室，下层为蜂蜜过滤与分装车间（图 16）。上层取蜜室分离的蜂蜜在重力的作用下，通过不锈钢管道流到下层的车间过滤和分装。上、下层车间门前均应铺设道路，使运输蜜脾和成品蜂蜜的车辆直接到达门前，甚至进入室内。取蜜车间应宽敞明亮，有足够的存放蜜脾的空间。取蜜车间应易于保持清洁，墙壁和地面能够用水冲洗。地面能够承受搬运蜜桶的重压，并设有排水沟。取蜜车间的门窗应能防止蜜蜂进入，并在窗的上方安装脱蜂器，以脱除进入车间少量的蜜蜂。取蜜车间主要设备包括切割蜜盖机、分蜜机、蜜蜡分离装置、贮蜜容器等。

图 16　建在斜坡地的取蜜车间
（引自 Winter，1980）

蜂王浆生产操作间是移虫取浆操作的场所，要求明亮、无尘、温度和湿度适宜。室内设有清洁、整齐的操作台。操作台上放置产浆设备和工具，操作台的上方应布置光源，以方便在阴天等光线不足的情况下正常移虫。

榨蜡室是从旧巢脾提炼蜂蜡的场所，室内根据榨蜡设备的类型配备相应的辅助设备，墙壁和地面能够用水冲洗，地面设有排水沟。

3. 蜜蜂饲料配制间 蜜蜂饲料配制间是配制蜜蜂糖饲料和蛋白质饲料的场所。蜜蜂糖饲料配制场所需要加热设施和各类容器。蜜蜂蛋白质饲料配制场所需要配备操作台，自制蛋白质饲料的蜂场还需装备粉碎机、搅拌器等设备。

4. 成品加工、包装车间 直销蜜蜂产品的蜂场，需要建筑蜂蜜等成品加工和成品包装车间。成品加工、包装车间应符合卫生要求。根据不同产品的特性，安装相应的加工、包装设备。天然成熟的蜂蜜不需要加工，蜂场只需购置过滤分装设备。

（三）库房

库房是贮存蜂机具、养蜂材料、蜜蜂产品的成品或半成品、交通工具的场所，不同功能的库房要求不同。

1. 巢脾贮存室 巢脾贮存室要求密封，室内设巢脾架，墙壁下方安装一管道。管道一端通向室中心，另一端通向室外，并与鼓风机相连。在熏蒸巢脾时，鼓风机能将燃烧硫黄的烟雾吹入室内。

2. 蜂箱蜂具贮存室 蜂箱蜂具贮存室要求干燥通风，库房内蜂箱蜂具分类放置，设置存放蜂具的层架。蜂箱蜂具贮存室中存放的木制品较多，应防白蚁危害。

3. 半成品贮存室、成品库和饲料贮存室 蜜蜂产品的半成品是指未经包装的蜂蜜、蜂王浆、蜂花粉等，成品是指经加工、包装的蜜蜂产品。半成品和成品的贮存要求条件基本相同，均要求清洁、干燥、通风、防鼠。蜜蜂产品的成品与半成品应分别存放。

饲料贮存室是贮存饲料糖、蜂花粉及蜂花粉的代用品场所，少量的饲料可贮存在蜜蜂饲料配制间，量多则需专门的库房存放。蜜蜂饲料贮存的条件要求与蜜蜂产品的贮存条件相同，也可与半成品同室分区贮存。

4. 车库　根据各种车的类型设计车库，车库的地面应能承受重压，车库内应备汽车维修、保养的工具和材料。

（四）蜂产品销售和展示场所

蜂产品销售和展示场所是对外宣传蜂场、蜜蜂和蜜蜂产品的重要阵地，在蜂场建设中应给予重视。蜂产品销售和展示场所的装修和布置应简洁大方、宽敞明亮，并能体现蜜蜂的特色（图17）。营业厅内可适当划分功能区，如产品展示区，陈列蜂场的各种蜂产品，并配有产品简介；顾客休息区，配备适当的沙发、茶几、桌椅、电视等，方便顾客休息的同时，品尝蜜蜂产品和观看宣传企业和蜜蜂的电视片；售货区，设置柜台等。

图17　蜂场销售展示场所

观光示范蜂场还应设立宣传蜜蜂和蜜蜂产品知识的展室，在进行蜜蜂科普知识宣传的同时，正确引导消费，树立企业形象。展室中以图文、实物陈列和影视等形式介绍养蜂历史、蜜蜂生物学、蜜蜂产品的生产、各种蜂产品的功能和食用方法、蜜蜂对农牧业和环境的意义等。在室内的窗口处或门外的适当位置设立蜜蜂观察箱，满足观光者对蜜蜂的好奇心和提高兴趣。

二、蜂场规划与布置

蜂场的规划应根据场地的大小和地形地势合理地划分各功能区，并将养蜂生产作业区、蜜蜂产品分装贮存区、营业展示区和生活区等各功能区分开，以免相互干扰。定地蜂场应做好场地环境的规划和清理工作，平整地面，修好道路，架设防风屏障，种植一些与养蜂有关或美化环境的经济林木或草本蜜源。场区的道路尽可能布置在蜜蜂飞行路线后，避免行人对蜜蜂的干扰和蜜蜂蜇人。蜂场道路应连接各功能区，并都能通汽车。

（一）养蜂生产作业区

养蜂生产作业区包括放蜂场地、养蜂建筑、巢脾贮存室、蜂箱蜂具制作室、蜜蜂饲料配制间、蜜蜂产品生产操作间等。

放蜂场地可划分出饲养区和交尾区，放蜂场地应尽量远离人群和畜牧场。饲养区是蜜蜂群势恢复、增长和进行蜜蜂产品生产的场地，应宽敞开阔。在饲养区的放蜂场地，可用砖石水泥砌一平台，其上放置一磅秤，磅秤上放一蜂群，作为蜂群进蜜量观察的示磅群。交尾区的蜜蜂群势一般较弱，为了避免蜂王交配后在回巢时受到饲养区强群蜜蜂吸引错投，交尾区应与饲养区分开。交尾群需分散排列，故交尾区需要场地面积较大的地方。为方便蜜蜂采水，应在场上设立饲水设施（图 18）。

图 18　场上饲水器

养蜂建筑、巢脾贮存室、蜂箱蜂具制作室、蜜蜂饲料配制间、蜜蜂产品生产操作间等均应建在与放蜂场地相邻的地方，以便于蜜蜂饲养及生产的操作。

（二）蜜蜂产品分装贮存区

蜜蜂产品分装贮存区主要是蜜蜂产品加工和包装车间及仓库，在总体规划时应一边与蜜蜂产品生产操作间相邻，另一边靠近成品库。

（三）蜂产品销售和展示区

蜂产品销售和展示区一般布置在场区的边缘或靠近场区的大门处，紧靠街道。营业厅和展示厅应相连，消费者在展示厅参观时产生购买欲后方便其及时购买。

第三节　蜂群选购

建场伊始首先要考虑的问题就是蜂群的来源，除了在野生中蜂资源丰富的山区建场可以诱引野生中蜂之外，多数养蜂场的建立都需要购买蜂群。选择的蜂种是否适宜、购蜂时间是否恰当以及所购蜂群质量的好坏都会影响到建场的成败。

一、蜂种选择

（一）蜂种的选择和我国蜂种分布的现状

1. 蜂种的选择　蜂种没有绝对的良种，现有的各蜂种均有其优点，也有其不足。在选择蜂种前必须深入研究各蜂种的特性，并根据养蜂条件、饲养管理技术水平、养蜂目的等对蜂种作出选择。对于任何优良蜜蜂品种的评价，都应该从当地自然环境和现实的饲养管理条件出发。忽视实际条件而侈谈蜂种的经济性能，是没有现实意义的。蜂种应从适应当地的自然条件、能适应现实的饲养管理条件、增殖能力强、经济性能好、容易饲养等几方面考虑。

（1）所选择的蜂种必须适应当地的自然条件　自然条件包括气候、蜜粉源、病敌害等方面。针对气候因素，应考虑蜂种的越冬或越夏性能。在北方由于冬季长，而且寒冷，所以选择蜂种应着重考虑蜜蜂的群体抗寒能力；在南方，因为需要利用冬季蜜源，所以选择蜂种应着重考虑蜜蜂个体的耐寒能力。针对蜜粉源因素，应考虑不同蜂种的要求和利用能力。针对蜜蜂病敌害的因素，则应考虑不同蜂种对当地主要病敌害的内在抵抗能力以及人为的控制能力。

（2）所选择的蜂种必须能适应现实的饲养管理条件　不同蜂种对适应副业或专业等养蜂经营方式、定地或转地饲养等养蜂生产方式，以及对蜜蜂饲养管理技术水平的要求均有所不同，对适应机械化操作的程度也不一样。因此，所选择的蜂种应考虑能否适应现有的饲养管理条件。

（3）所选的蜂种应增殖能力强、经济性能好　蜂群的增殖能力强包括蜂王产卵能力、工蜂育虫能力以及工蜂寿命等。增殖力强的蜂种可以有效地采集花期长而丰富的蜜粉源，对转地饲养有利。而养蜂主要目的之一是要获取大量的蜂产品，所以选择的蜂种在相应的饲养条件下应具有较高的生产力。

（4）适当考虑蜂种管理的难易问题　蜂种的管理难易将直接影响劳动生产率的高低。如果蜜蜂性情温驯，分蜂性和盗性弱，清巢性和认巢性强，则管理较为方便。

2. 我国蜂种分布现状　我国蜂种分布的大体情况是东北、内蒙古和新疆等北方地区，基本上以饲养西方蜜蜂为主；四川、重庆、云南、贵州、广东、广西、福建等南方山区，基本上以饲养中蜂为主；其余广大的中部地区中、西蜂交错。这种现状是根据各地客观条件，在长期生产实践中逐渐形成的。西方蜜蜂在西南和华南由于越夏困难，对冬季蜜源也难以利用，所以不甚适宜；而中蜂土生土长，能适应当地的自然条件，所以生产比较稳定。在东北、西北和华北，冬季严寒，且蜂群越冬时间长，由于西方蜜蜂中灰、黑色蜂种的群体耐寒性强，所以饲养情况良好。在中部地区，蜜粉源丰富的平川区域，意蜂优良的生产性能可以得到充分的发挥，因而多以意蜂为主；而在蜜粉源分散的山区，则一般适宜于饲养中蜂。

二、蜂群选购时期

购买蜂群最好在早春蜜粉源初花期，北方越冬的蜂群已充分排便后进行。此后气温日益回升，并趋于稳定，蜜源也日渐丰富，有利于蜂群增长，而且当年就可能投入生产。其他季节也可以买蜂，但是购蜂后最好还有一个主要蜜源的花期，这样即使不能取得多少商品蜜，至少也可保证蜂群饲料的贮备和培育一批适龄的越夏或越冬蜂。在南方越夏和北方越冬之前，花期都已结束时就不宜买蜂。蜜蜂安全越夏或越冬需要做细致的准备工作，此时所买的蜂群若没有做好这项工作则不能顺利越冬或越夏。这时买蜂除了购买蜂群的费用外，还需购买饲料糖，并且蜂群的越冬或越夏管理有一定的难度，管理方法不得当，蜂群还可能死亡。

购买蜂群的时期，南方上半年宜在1～2月，下半年宜在9～10月；北方宜在2～3月，在此季节最适宜蜂群的增长。

三、蜂群挑选方法

初学者，不宜大量地购进蜂群，一般以不超过10群为好。以后随着养蜂技术的提高，再逐步扩大规模。蜂群最好是从连年高产、稳产的蜂场购买。养蜂技术水平高的蜂场对蜜蜂的良种选育重视，蜂群的种性较好。

（一）优良蜂群的特征

挑选蜂群应主要从蜂王、子脾、工蜂和巢脾等四个方面考察。

1. 蜂王年轻、胸宽、腹长、健壮、产卵力强。

2. 子脾面积大，封盖子整齐成片，无花子现象，没有幼虫病，小幼虫底部浆多，幼虫发育饱满、有光泽。

3. 工蜂健康无病、体上蜂螨寄生率低，幼年蜂和青年蜂多，出勤积极，性情温驯，开箱时安静。

4. 巢脾平整、完整，浅棕色为最好，雄蜂房少。

（二）挑选蜂群方法

挑选蜂群应在天气晴暖时进行，以方便箱外观察和开箱检查。首先在巢门前观察蜜蜂活动表现和巢前死蜂情况并进行初步判断，然后再开箱检查。

1. 箱外观察 在蜜蜂出勤采粉的上午高峰时段，在蜂箱前巡视观察。健康正常蜂群巢前一般死蜂较少，基本没有蜜蜂在蜂箱前地面爬动，进出巢的蜜蜂较多，蜂群群势强盛；携粉归巢的外勤蜂比例多，巢内卵虫多，蜂王产卵力强。如果巢前地面死蜂较多，蜂群不正常（图19）；有较多瘦小甚至翅残的工蜂爬动，可能螨害严重（图20）；巢门前有体色暗淡、腹部膨大、行动迟缓的工蜂，或在蜂箱前壁有量较大、较稀薄粪便是蜜蜂患下痢病症状（图21）；巢前有白色和黑色的幼虫僵尸，为蜜蜂白垩病，这样的蜂群不宜购买。

2. 开箱检查 开箱时工蜂安静、不惊慌乱爬，不激怒蜇人，说明蜂群性情温驯；工蜂腹部较小，体色正常，没有油亮现象，体表绒毛多而新鲜，则表明蜂群健康，年轻工蜂比例较大；蜂王体大、胸宽、腹长丰满，爬行稳健，全身密布绒毛且色泽鲜艳，产卵时腹部屈伸灵敏，动作迅速，提脾时安稳，并产卵不停，则说明蜂王质量好；卵虫整齐，幼虫饱满有光泽，小幼虫房底王浆多，无花子、无烂虫现象则说明幼虫发育健康。

图 19 巢前大量死蜂

图 20 受螨害影响的工蜂

图 21 患下痢病的蜂群

（三）购蜂的群势和蜂箱巢脾要求

购蜂季节不同，蜜蜂群势要求标准也不同。一般来说，早春蜂群的群势不少于 2 足框，夏秋季应在 5 足框以上。在群势增长季节还应有一定数量的子脾。5 个脾的蜂群，子脾应有 3～4 张，其中封盖子至少应占一半。蜂王不能太老，最好是当年培育的，最多也只能是前一年春季培育的蜂王。购买的蜂群内还应有一定的贮蜜，一般每张巢脾应有贮蜜 0.5 千克。

购蜂时还应注意蜂箱的坚固严密和巢脾、巢框的尺寸标准。

蜂群购买后，若蜂群在运蜂途中，蜂箱陈旧破损就会导致跑蜂。巢脾尺寸规格不统一标准，就不便蜂群管理。巢脾好坏与对蜂群的发展至关重要，好的巢脾应色浅、平整和完整（图 22），色暗（图 23a）、残缺（图 23b）、不平整（图 23c）、咬洞、雄蜂房多的为差脾。

图 22 完整平整的优质巢脾

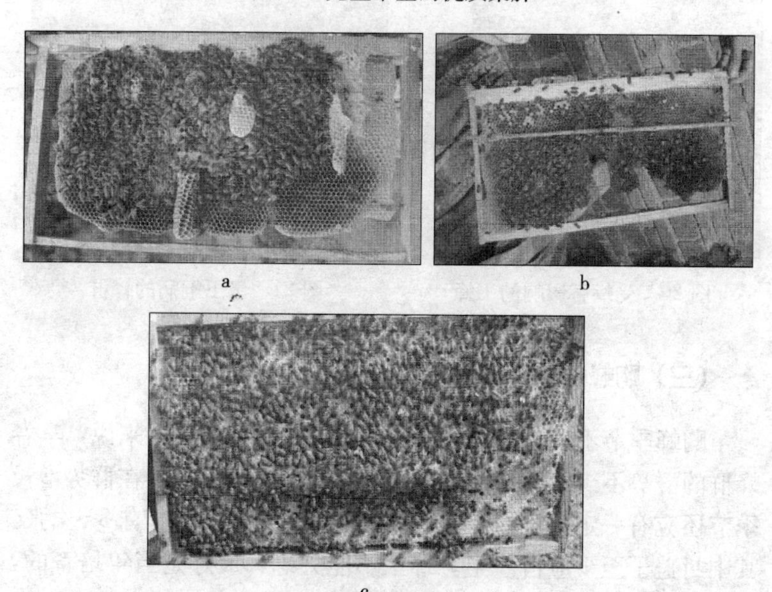

a b c

图 23 劣质巢脾

a. 旧脾 b. 脾面残缺 c. 脾面翘曲

第四节 蜂群排列和放置

一、蜂群排列

蜂群排列方式多种多样，应根据蜂群的数量、场地的面积、蜂种和季节灵活掌握，但都应以管理方便，蜜蜂容易识别蜂巢位置，流蜜期便于形成强群以及在外界蜜源较少或无蜜源期不易引起盗蜂为原则。

a

b

图 24 中蜂分散排列

a. 平地中蜂排列 b. 山地中蜂排列

（一）中蜂排列

中蜂认巢能力差，容易错投，并且盗性强，所以中蜂排列不宜太紧密，以防蜜蜂错投、斗杀和引起盗蜂。中蜂排列应根据地形、地物适当地分散排列，相邻蜂群的巢门方向应尽可能地错开(图 24a)。在山区，可利用斜坡、树丛或大树布置蜂群（图 24b)，使各个蜂箱巢门的方向、位置高低各不相同。箱位目标显著易于蜂群识别，蜂箱前志有标志作用的小树、大草等应有意识地保留。

（二）西方蜜蜂排列

我国的西方蜜蜂排列方式有单箱并列、双箱并列、一字形排列、环形排列等。国外蜂场还有三箱排列、四箱排列和多箱排列方式。这些蜂群的排列方式各有特点，可根据放蜂场地的大小和蜜蜂饲养管理的需要选择。

1. 单箱排列 这种排列方式适用于蜂场规模小、蜂群数量少而场地宽敞的蜂场。单箱排列可以分为单箱单列和单箱多列两种。每个蜂箱之间相距 1～2 米，各排之间相距 2～3 米，前、后排的蜂箱交错放置，以便蜜蜂出巢和归巢（图 25)。

图 25 单箱排列

2. 双箱排列 这种排列方式用于蜂场规模大，蜂群数量多，而场地受到限制的蜂场。双箱排列可以分为双箱单列和双箱多列两种方式。双箱排列的方式就是将两个蜂箱并列靠在一起为一组，多组蜂群列成一排。两组之间相距1～2米，各排之间相距2～3米，前后排的蜂箱尽可能错开（图26）。

图26　双箱排列

3. 一字形排列　这种方式多用于放蜂场地受到限制时，或在气温较低季节方便保温。一字形排列只适用在单箱体饲养的蜂群，常见于转地蜂场。转地蜂场为了便于管理，蜂群应尽量集中放置。一字形的排列方式就是将蜂群一箱紧靠一箱，巢门朝向一个方向，排成一长列或数列（图27）。这种方法排列蜂群的优点为占地面积小，方便管理；易于箱外保温，可用草帘或稻草、谷草及覆盖塑料薄膜对蜂群加强保温。缺点是蜂群易偏集，蜂群加继箱后不便开箱操作。

图27　一字形排列

4. 环形排列 这种排列方式多用于转运途中临时放蜂，转地蜂场在流蜜期有时也采用环形排列。环形排列的特点是既能使蜂群相对集中，又能防止蜂群的偏集，但巢门不能朝向同一方向。环形排列是将蜂箱排列成圆形或方形，巢门朝向环内（图 28）。

图 28　环形排列

二、蜂群放置

蜂箱摆放应左右平衡，避免巢脾倾斜。且蜂箱前部应略低于蜂箱后部，避免雨水进入蜂箱，但是蜂箱倾斜不宜太大，以免刮风或其他因素引起蜂箱翻倒。除了转地途中临时放蜂之外，无论采用哪一种的蜂群排列方式，都应用砖头、木桩或竹桩将蜂箱垫高 200～500 毫米，以免地面上的敌害进入蜂箱和潮气腐烂箱底（图 24b、图 29）。南方山区蜂场蜂箱用竹桩支撑能有效地防白蚁危害。在木桩或竹桩上（图 30a）倒扣玻璃瓶（图 30b），或用盛水的容器垫在蜂箱下（图 30c），能防蚂蚁和白蚁等进入蜂箱。固定蜂场可设立固定的放蜂平台（图 31）。

蜂群夏日应安放在阴凉通风处，冬日应放置在避风向阳的地方。蜂群最好能放在阔叶落叶树下，炎热的夏天茂密的树冠可为蜂群遮阴（图 32a）；冬日落叶后，温暖的阳光可照射在蜂箱上（图 32b）。排列蜂群时，增长期和流蜜期巢门的方向尽可能朝东

图 29　蜂箱垫高

图 30　防蚁进入蜂箱的装置

a. 木桩或竹桩　b. 在木桩或竹桩上倒扣玻璃瓶

c. 用盛水的容器垫在蜂箱下

或朝南，但不可轻易朝西。巢门朝东或朝南，能促使蜂群提早出勤；在酷暑季节，便于清风吹入巢门，加强巢内通风；在低温季节可以保持巢温，有利于蜂群的安全越冬。巢门朝西的蜂群，

图 31　固定的放蜂平台

a

b

图 32　阔叶落叶树下的蜂群

a. 夏季阔叶树荫下的蜂群

b. 冬季落叶后阔叶树下的蜂群

春、秋季蜜蜂上午出勤迟，下午尤其傍晚的太阳刺激蜜蜂出巢后，又常因太阳下山或阴云的影响，使蜜蜂受冻不能归巢；夏日下午太阳直射巢门，造成巢温过高，使蜜蜂离脾。越冬前期，为控制蜜蜂减少出勤，降低巢温，可将巢门朝北排放。

放置蜂群的地方，不能有高压电线、高音喇叭、飘动的红旗、路灯、诱虫灯等吸引刺激蜜蜂的物体。蜂箱前面应开阔无阻，便于蜜蜂的进出，不能将蜂群巢门面对墙壁、篱笆或灌木丛。

第二章

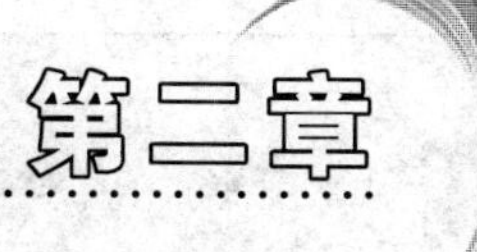

养蜂基本操作

养蜂基本操作主要包括开箱、蜂群检查、蜂群饲喂、巢脾修造和保存、蜂王和王台的诱入、分蜂团收捕、蜂群合并、人工分群以及蜂群的近距离迁移等内容，是养蜂人必须熟练掌握的基本技能。

第一节　开箱技术

开箱就是将蜂箱的箱盖、副盖打开、提出巢脾等养蜂操作，是养蜂生产最基本的操作。开箱对蜂群是较严重的干扰，同时养蜂人有被蜂蜇伤的风险，在养蜂生产中应尽可能减少开箱次数和缩短开箱时间。开箱应选择18～30℃晴暖无风的天气进行。开箱操作的时间越短越好，一般不超过10分钟。初学者开箱前应认真准备，明确开箱目的和操作步骤。开箱操作时，力求仔细、轻捷、沉着、稳重。打开箱盖和副盖、提脾、放脾都要轻稳，提脾和放脾应直上直下，特别注意不能挤压蜜蜂。

一、开箱准备

为了减少开箱操作对蜂群不利的影响和提高工作效率，尽可能缩短开箱时间，开箱前应做好充分准备，备齐工具。开箱时应随身携带起刮刀（图33a）、蜂刷（图33b）、喷烟器（图33c）或

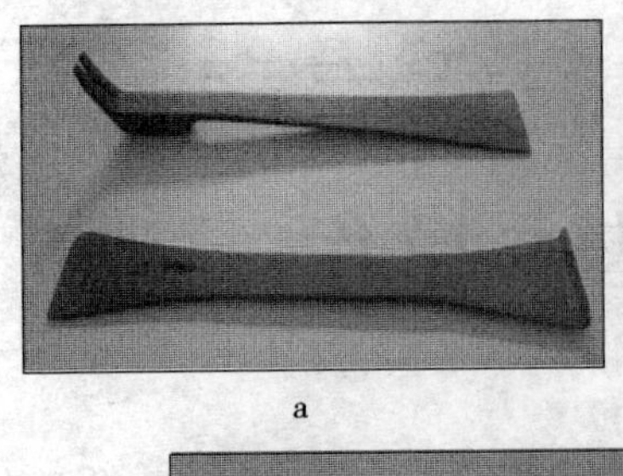

a

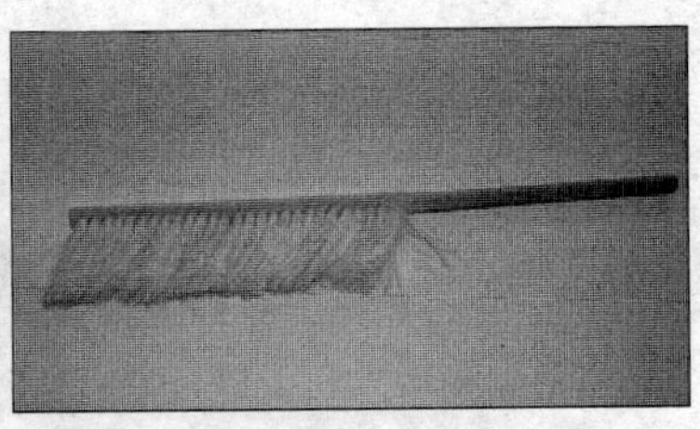

a

c

d

图 33　开箱工具

a. 起刮刀　b. 蜂刷　c. 喷烟器　d. 喷雾器

小喷雾器（图 33d）等常用的开箱工具，并检查喷烟器或喷雾器是否能正常使用。在开箱时如果还需进行其他工作，如加础加脾、饲喂、检查等，还需相应地准备好巢础框、空脾、糖饲料、蛋白质饲料、检查记录表等用具和相关物品。

图 34　开箱装束

开箱前应充分做好防护的准备工作。穿上浅色非毛呢质布料的工作服，戴上蜂帽面网（图 34）。养蜂人员身上切忌带有葱、蒜、汗臭、香脂、香粉等异味，或穿戴黑色或深色毛呢质的衣帽。

二、开箱方法

（一）站位

开箱前置身于蜂箱的侧面或箱后，尽量背对太阳，便于观察巢房内情况。不宜站在箱前挡住巢门，影响蜜蜂进出巢活动。一字形排列的蜂箱开箱时，可一只脚蹲踏在相邻的蜂箱上，另一脚站立在箱后。

（二）打开箱盖

把箱盖轻捷地打开后置于蜂箱侧面并翻过来平放在地上（图35a），或倚靠在蜂箱侧面或后面的箱壁旁（图35b）。去除覆布，手持起刮刀从两个对角线轻轻撬动副盖（图36），将副盖揭起，有蜜蜂的一面向上放在巢箱前的巢门踏板上。副盖的一端搭放在巢门踏板前端，使副盖上的蜜蜂沿副盖的斜面向上爬进蜂箱（图35b）。对于凶暴好蜇的蜂群，可用点燃的喷烟器或喷水器，副盖掀起一点缝隙，对准缝隙喷烟（图37a）或对准巢框上梁喷烟（图37b）或喷水（图38）少许。如果蜂群温驯就不必喷烟、喷水。天气炎热季节开箱，用喷雾器向蜂箱内喷水雾替代喷烟效果更好。

a

b

图35 打开箱盖图

a. 箱盖置于箱侧 b. 箱盖置于箱后

图 36　用起刮刀撬动副盖

a

b

图 37　喷　烟

a. 副盖掀起缝隙向箱内喷烟

b. 向巢脾上梁喷烟

图 38　喷　水

继箱群开箱且需要全面检查调整时，应先查看巢箱。打开副盖后将箱盖取下，翻过来平放在箱侧或箱后的平地上（图 39a）。用起刮刀沿对角线撬动继箱与隔王栅巢底箱的连接处（图 39b），搬下继箱，放置在翻过来的箱盖上（图 39c），取下隔王栅放在巢门前（图 39d）。巢箱操作后，放好隔王栅，继箱放回巢箱上，再进行继箱操作。

图 39　继箱开箱

a. 将箱盖翻过来平放在箱后　b. 用起刮刀撬动继箱

c. 将继箱放置在箱盖上　d. 隔王栅置于箱前

（三）提脾

箱盖和副盖都打开后，将隔板向边脾外侧推移（图 40a），或提出立于箱外，然后用起刮刀依次插入近框耳的各脾间蜂路，轻轻撬动巢框。巢脾提出时先拉大脾间距离，用双手的拇指和食指紧捏双侧框耳将巢脾垂直向上提出（图 40b）。切勿使巢脾互相碰撞而挤伤和激怒蜜蜂，防止蜂王被挤伤。提出的巢脾应置于蜂箱的正上方检查或操作，同时还应注意巢脾不可提得太高，以免蜂王摔伤（图 40c）。如果蜂箱巢脾太满，不便操作，可将无王的边脾提出，暂时立起放于箱外侧壁或箱后壁（图 40d）。

图 40　提　脾

a. 隔板向箱壁移动　b. 双手捏紧框耳提脾

c. 巢脾在箱口上方　d. 巢脾暂时立于蜂箱外壁

（四）翻转巢脾

在提脾操作时，需始终保持巢脾的脾面与地面垂直，以防巢脾断裂、蜜粉从巢房脱落。巢脾两面都需查看时，可先查看巢脾正对的一面（图 40c）。然后将水平的巢脾上梁竖起（图 41a），使其与地面垂直，再以上梁为轴，将巢脾向外转动半圈（图 41b、c、d），然后将捏住上梁框耳的双手放平，巢脾的下梁向上，完成翻转，查看另一面（图 41e、f）。全部查看完毕后，再按上述相反的顺序恢复到提脾的初始状态。

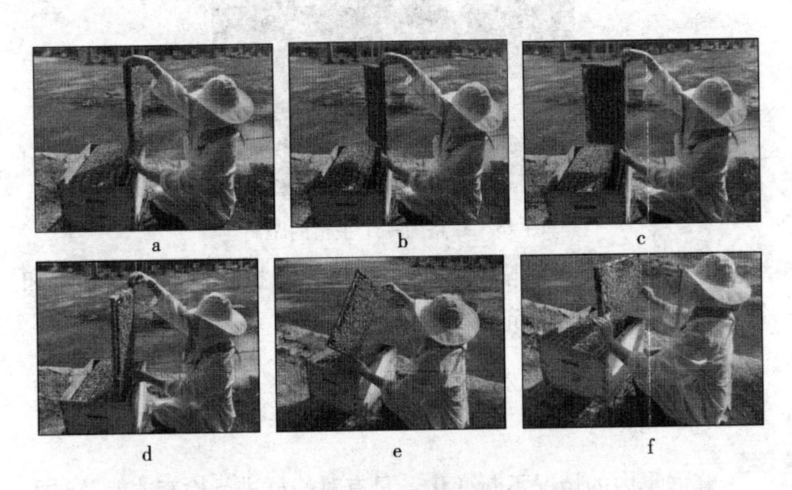

a　b　c　d　e　f

图 41　翻转巢脾

另一种提脾查看的方法是，提出巢脾后先看面对的一面，然后将巢脾放低，巢脾上梁靠近身体，下部略向前倾斜，从脾的上方查看巢脾的另一面（图 42）。有经验的养蜂员常用此法快速检查。

图 42　从脾的上方查看巢脾的另一面

（五）恢复蜂巢

开箱后，按正常的脾间蜂路 8～10 毫米，约一个手指的距离

图 43　蜂路为一个手指的距离

（图 43），将各巢脾和隔板按原来的位置靠拢，然后盖好副盖和箱盖。特别注意不可挤压蜜蜂。

第二节　蜂群检查

蜂群巢内的情况不断变化，只有对蜂群进行检查才能及时采取相应的管理措施。蜂群检查是养蜂生产中的一个重要环节。蜂群的检查方法有三种：全面检查、局部检查和箱外观察。在蜂群饲养管理过程中，平时了解全场的蜂群情况，一般都是先通过箱外观察，进行初步判断，发现个别不正常的蜂群，再针对具体问题进行局部检查或全面检查。

一、全面检查

蜂群全面检查就是开箱后将巢脾逐一提出进行仔细查看，全面了解蜂群内部状况。全面检查费时费力，且对蜂群造成干扰，不宜经常进行。全面检查宜在每一蜂群管理阶段的始末进行，为蜂群调整提供依据。全面检查要求快速，对于检查中发现的问题能够顺手处理的，例如毁台、加脾、加础、抽脾等可同时处理。不能马上处理的，应作好记号，待全场蜂群全部检查完毕之后再统一处理。

全面检查应重点了解蜂王产卵、子脾发育、饲料贮备、蜂脾比例、病敌害等情况。在分蜂季节还要注意巢脾上出现的自然分蜂王台等。蜂群检查记录表分为两种，一是蜂群检查记录分表（表1），二是蜂群检查记录总表（表2）。每一群全面检查后，需要及时填写蜂群检查记录分表。全场蜂群均检查完毕后，将各蜂群的情况，汇总到蜂群检查记录总表中。蜂群检查记录分表反映某一蜂群的现状和周年变化规律，蜂群检查记录总表能够反映蜂场在某一阶段所有蜂群的全面状况。蜂群检查记录表作为蜂场档案应妥善保存，长期积累能够充分掌握蜂场所在地的蜜蜂群势的变化和与养蜂相关的环境变化规律。

表1　蜂群检查记录分表

蜂箱号：　　　　蜂群号：　　蜂王初产卵日期：　　年　　月　　日

检查日期		蜂王情况	放框数	子脾框数	空脾数	巢础框数	存蜜量（千克）	存粉量（框）	群势（足框）		发现问题及工作事项
月	日								蜂	子	

表2　蜂群检查记录总表

场址：　　　　　　　检查日期：　　　　年　　月　　日

蜂箱号	蜂群号	蜂王情况	放框数	子脾框数	空脾数	巢础框数	存蜜量（千克）	存粉量（框）	群势（足框）		发现问题及工作事项
									蜂	子	

全场蜂箱应在前壁外壁右上方喷漆固定编号，为蜂箱号。在巢箱左上方钉一小铁钉，用作挂蜂群号牌，号牌上的号码是蜂群号。对一个蜂群来说，蜂群号是不变的。蜂群需要换蜂箱时，蜂群号牌随蜂群移至新的蜂箱。

郎氏标准蜂箱中的一张完整巢脾，其脾面上不重叠、无空隙布满蜜蜂成虫，这些蜜蜂成虫的数量为1足框蜜蜂（图44）；郎氏蜂箱中的一张完整巢脾的脾面上（巢框内的面积），两面巢房内均有蜂子，这些蜂子的数量为1足子脾。蜂子是指蜜蜂卵虫蛹（或卵、未封盖幼虫和封盖子）的统称。封盖子是指封盖巢房内的大幼虫、预蛹、蛹（图45）。个别养蜂书籍称蜂子为“蜂儿”，因其使用范围不大，字面含义不当，与子脾等术语不协调等，为了避免专业内术语混乱，应废除。子脾为巢房内有蜂子的巢脾。

图44　1足框蜜蜂

图45　脾中下部为封盖子上边角为封盖蜜

检查记录表中的“蜂王情况”一栏，如果蜂王正常在栏内“√”。蜂王不正常记录“×”，同时在“发现问题及工作事项”一栏中详细记录不正常的具体情况。“放框数”是指蜂群中所有巢脾和巢框数量的总和；“子脾框数”是指有卵、虫、封盖子的巢脾数量。“空脾数”是指巢房内没有蜂子、贮蜜和贮粉的空巢脾的数量。“巢础框数”是巢内巢础框的数量。在造脾过程中，造脾不足1/4定为巢础框，超过1/4可认定为巢脾，造脾超过1/4的巢脾半成品很快能够造好。“存蜜量”是指巢内贮存蜂蜜等糖饲料的数量，单位是“千克”。检查时先通过目测贮蜜的足框数，再换算成贮蜜的重量，1足框蜜约2千克。“存粉量”是指巢内储存花粉的数量，单位是“框”，少于0.5足框时，0.1足框以下为“+”，约0.2～0.3足框为“++”，0.3～0.4足框为“+++”。贮蜜和贮粉的测定需要注意，如果巢房中贮蜜、贮粉不满，需要打一定的折扣。“群势”包括蜜蜂成虫的数量和蜂子的数量，无论是蜜蜂成虫的数量还是蜂子的数量均以足框为计。初学者子脾数量常估计过高，而蜜蜂成虫数量估计偏少。

二、局部检查

局部检查就是抽查巢内相应的1～2张巢脾，判断和推测蜂群中的某些情况。局部检查适用于不便长时间开箱，需要准确了解蜂群中某一情况下的快速检查。局部检查要有明确的目的，需要了解蜂群的什么问题，从哪个部位提脾等，都应事先考虑好。

（一）贮蜜

只需查看边脾上有无存蜜。如果边脾有较多的封盖蜜，说明巢内贮蜜充足。如果边脾贮蜜较少，可继续查看隔板内侧第二张巢脾，巢脾的上边角有封盖蜜，蜂群暂不缺蜜。如果边脾和边二脾贮蜜均较少时，则需及时补助饲喂。

（二）蜂王情况

检查蜂王情况应在巢内育子区的中间提脾，如果在提出的巢脾上见不到蜂王，但巢脾上有卵和小幼虫，无改造王台，说明该群的蜂王健在，蜂子数量能够反映蜂王产卵能力；倘若既不见蜂王，又无各日龄的蜂子，或在脾上发现改造王台，意味着已经失王；若发现巢脾上一个巢房中有卵数粒，且东倒西歪，巢房壁上产有蜂卵，说明该群已失王已久，工蜂开始产卵。如果有空巢房时蜂王和一房多卵现象并存，说明蜂王已不正常，应及时更换。

（三）蜂脾关系

抽查隔板内侧第二张脾，如果该巢脾上的蜜蜂达 80%～90%，在蜂群增长阶段的中后期就需要加脾；如果说巢脾上的蜜蜂稀疏，巢房中无蜂子，就应将此脾抽出，适当地紧缩蜂巢。

（四）蜂子情况

从巢内育子区的偏中部提 1～2 张巢脾检查。如果幼虫显得湿润、丰满、鲜亮，小幼虫底部白色浆状物较多，封盖子面积大、整齐，表明蜂子发育良好；若幼虫干瘪，甚至变色、变形或发臭，封盖巢房塌陷或穿孔，说明蜂子发育不良，或患有幼虫病。若西方蜜蜂脾面上或蜜蜂体上可见大小蜂螨，则说明蜂螨危害严重。西方蜜蜂子脾巢房蜡盖封盖打开，可见白色头蜜蜂蛹则巢虫危害，东方蜜蜂巢房中出现尖头的蜂子则患囊状幼虫病。

三、箱外观察

通过箱外观察蜜蜂的活动和巢门前蜂尸的数量和形态就能大致推断蜂群内部的情况。在日常的蜜蜂饲养管理中应每天定时清扫巢前，以准确判断死蜂出现的时间。

（一）蜜蜂巢前活动判断

巢前观察蜜蜂活动主要是观察蜜蜂在巢前的飞行和巢前蜜蜂

的聚集。蜜蜂巢前观察须在蜜蜂能够巢外活动的条件下进行。

1. 采蜜和贮蜜　全场蜂群普遍出现外勤工蜂进出巢繁忙，巢门拥挤，归巢的工蜂腹部饱满，夜晚扇风声较大，中蜂蜂箱中水从巢门流出（图 46），说明外界蜜源泌蜜丰富，蜂群采酿蜂蜜积极。

图 46　中蜂巢内流出水示大流蜜

巢门前出现有拖弃幼虫或增长阶段驱杀雄蜂的现象，若用手托起蜂箱后方感到很轻，说明巢内已经缺乏贮蜜，蜂群已处于危险的状态。

2. 蜂王状况　在外界有蜜粉源的晴暖天气，如果工蜂采集积极，归巢携带大量的花粉，说明该蜂王健在，且产卵力强（图 47）。如果蜂群出巢怠慢，无花粉带回，有的工蜂在巢门前乱爬或振翅，则有失王的嫌疑。

图 47　蜜蜂采集花粉示蜂王产卵正常

3. 自然分蜂预兆 在分蜂季节，大部分的蜂群采集出勤积极，而个别强群很少有工蜂进出巢，却有很多工蜂拥挤在巢门前形成“蜂胡子”（图 48），此现象多为分蜂的征兆。如果大量蜜蜂涌出巢门，则说明分蜂活动已经开始。

图 48 分蜂前蜜蜂在巢前聚集

4. 群势 当天气、蜜粉源条件都比较好时，有大量蜜蜂同时出入，傍晚大量的蜜蜂拥簇在巢门踏板或蜂箱前壁，说明蜂群强盛。进出巢的蜜蜂比较少的蜂群，除分蜂热强烈外，群势可能相对弱一些。

5. 盗蜂 当外界蜜源稀少时，有少量工蜂在蜂箱四周飞绕，伺机寻找进入蜂箱的缝隙，表明该群已被盗蜂窥视。蜂箱的巢门前秩序混乱，工蜂团抱厮杀，表明盗蜂已开始进攻被盗群。如果弱群巢前的工蜂进出巢突然活跃起来，仔细观察进巢的工蜂腹部小，而出巢的工蜂腹部大，这些现象都说明发生了盗蜂。如果此时某一强群突然又有大量的工蜂携蜜归巢，该群则有可能是作盗群。在非蜜源花期，有大量的蜜蜂进出巢活动时须注意。

6. 农药中毒 工蜂在蜂场激怒狂飞，性情凶暴，并追蜇人、畜；全场蜂群的巢门前突然出现头、胸部绒毛较多的壮年工蜂在地上翻滚抽搐，说明是农药中毒。

7. 螨害严重 巢前不断地发现有一些体格弱小、翅残缺的幼蜂爬出巢门（图 20），不能飞，在地上乱爬，此现象说明蜂螨危害严重。

8. 巢内拥挤、闷热 气温较高的季节，许多蜜蜂在巢门口扇风，傍晚部分蜜蜂不愿进巢，而在巢门周围聚集，这种现象说明巢内拥挤、闷热。

（二）从巢前死蜂判断

从严格意义上讲，蜜蜂死在巢前是不正常的。如果巢前有少量的死蜂和死虫蛹对蜂群也无大影响，但死蜂和死虫蛹数量较多，就应引起注意。为了准确判断死蜂出现的时间，在日常的蜜蜂饲养管理中最好定时清扫巢前。

1. 蜂群巢内缺蜜　巢前出现腹小、伸吻的死蜂，甚至巢内外大量堆积这种蜂尸，垂死蜜蜂呈虚弱状，则说明蜜蜂已因饥饿而开始死亡。

2. 农药中毒　在晴朗的天气，蜜蜂出勤采集时，全场蜂群的巢门前突然出现大量的双翅展开、勾腹、伸吻的青壮年死蜂，尤其强群巢前死蜂更多，部分死蜂后足携带花粉团，说明是农药中毒（图 49）。

a

b

图 49　农药中毒的工蜂

a. 农药中毒的巢前死蜂　b. 农药中毒的工蜂

3. 大胡蜂侵害　夏秋胡蜂活动猖獗的季节，蜂箱前突现大量的缺头、断足、尸体不全的死蜂，而且死蜂中大部分都是青壮年蜂，这表明该群曾遭受大胡蜂的袭击。大胡蜂危害多发生于南方山区。

4. 冻死　在较冷的天气，蜂箱前出现头朝向蜂箱巢门口呈冻僵状的死蜂，则说明因气温太低外勤蜂归巢时来不及进巢冻死在巢外。冻死巢前的蜜蜂，越靠近巢门则越多，呈扇形散布。外勤蜂冻死巢前多发生于早春。

5. 蜂群遭受鼠害 在我国北方冬季或早春，如果门前出现较多的蜡渣和头胸不全的死蜂，从巢内散发出臊臭的气味，并且看到蜂箱有咬洞，则说明老鼠进入巢箱危害。

6. 巢虫危害 饲养中蜂如果发现在巢门前有工蜂拖弃死蛹，则说明是巢虫危害。取蜜操作不慎、碰坏封盖巢房时，巢前也会出现工蜂或雄蜂的死蛹。

第三节 蜂群饲喂

蜂群饲喂是蜂群管理中一项很重要的措施。蜜蜂饲料主要有糖饲料和蛋白质饲料两大类。饲料是维持蜜蜂生命活动和群势发展所必需的，蜜蜂的天然饲料均来自花朵的花蜜和花粉。由于外界蜜粉源的不足，或气候条件不适合蜜蜂飞出采集，或人为地过分取蜜脱粉，常导致蜂巢内饲料贮存不足。此外，在蜂群需要施加某些特殊的管理措施时，如促进蜂王产卵、工蜂育子、蜜蜂授粉、王浆生产以及提高诱王和蜂群合并的成功率等，也需要对蜂群进行糖饲料的饲喂。

一、糖饲料的饲喂

糖饲料是蜜蜂的能源物质。蜂群缺乏糖饲料不但会影响蜂群的正常发展，甚至威胁蜂群的生存，所以在蜜蜂饲养管理中任何时候都必须保证蜂巢内贮蜜（糖饲料）充足。用来饲喂蜂群的糖饲料主要是蜂蜜或用蔗糖配制的糖液。糖饲料饲喂主要有补助饲喂和奖励饲喂两种方式。

无论是补助饲喂还是奖励饲喂，都应注意预防盗蜂的发生，在饲喂时必须注意糖饲料不能滴到箱外。不宜使用来历不明的蜂蜜喂蜂，以防蜂蜜中带有传染蜜蜂病原和蜜蜂不易消化的甘露蜜。饲喂时，饲喂器中还须放入浮板或草秆等，以防蜜蜂在搬取糖饲料时落入糖饲料中淹死（图 50）。

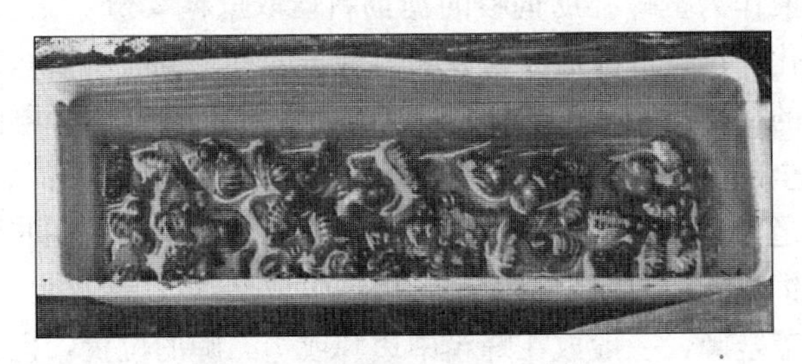

图 50 饲喂器中淹死的蜜蜂

蜜蜂糖饲料主要是蔗糖和蜂蜜。蔗糖作为蜜蜂饲料，价格相对较低，饲喂时不易引发盗蜂，是我国养蜂生产最主要的糖饲料。蜂蜜作为蜜蜂饲料最为理想，但必须是优质蜂蜜。由于优质蜂蜜作为饲料成本高，易传染蜂病和易引发盗蜂等，我国用蜂蜜饲喂蜜蜂很少。作为蜜蜂糖饲料的蜂蜜，最好是本场生产并保存的封盖蜜脾。食品工业原料高果糖浆作为蜜蜂饲料风险极大。高果糖浆是由粮食淀粉水解后形成的，如果高果糖浆的淀粉在转化过程中不完全，饲喂蜂群易造成蜜蜂消化不良。此外，作为蜜蜂饲料的高果糖浆混入商品蜂蜜中，易被市场监管部门误判为假蜜。

（一）补助饲喂

在任何时候蜂群都不能缺糖饲料，否则对蜂群的生存和发展均有不利的影响。补助饲喂就是保证蜜蜂不缺糖饲料的养蜂技术方法，即在蜜源缺乏的季节，为保证蜂群维持正常的生活，对贮蜜不足的蜂群大量地饲喂高浓度蔗糖液或蜂蜜的饲喂方法。如果蜂群在晚秋未采足越冬蜂蜜，就必须在越冬期前进行补助饲喂，以保证安全越冬。另外，在其他季节遇到较长的断蜜期，也需要进行补助饲喂。

最理想的补助饲喂方法是给缺蜜的蜂群直接补加优质的封盖蜜脾，但在我国现实养蜂条件下并不多用。大多数蜂场用蔗糖溶解成糖液作为蜜蜂补助饲喂的糖饲料。取蔗糖 2 份，兑水 1 份，以小火化开，待放凉后于傍晚喂给蜂群。补助饲喂的量，每次应以蜂群的接受能力为度。即饲喂器中糖饲料的量，以蜂群能够在一夜间全部搬进巢房为准，一般为 1.5～2 千克。连续饲喂数次，直到补足为止。补助饲喂力争短时间内补足，尤其是在非育子季节补助饲喂不可时间拖得太长，以产生成奖励饲喂效果。补给蜂群的封盖蜜脾，一般放在蜂箱中边脾或边二脾的位置，也就是紧靠子圈的外侧。在寒冷的季节补封盖蜜脾，应事先将蜜脾放置在 25～30℃室内一昼夜。

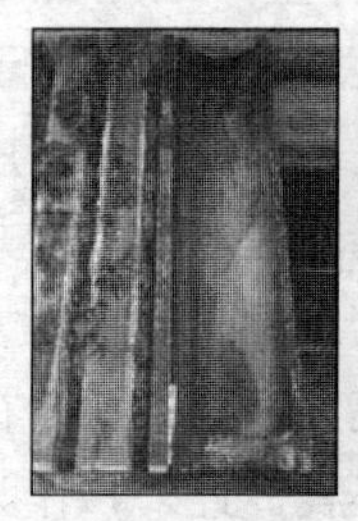
a

b

图 51　饲喂器放置在蜂箱中的位置

a. 蜂箱中的竹饲喂器　b. 蜂箱中的塑料饲喂器

补助饲喂时将糖饲料放于饲喂器中，由蜜蜂将糖饲料搬入巢房中。饲喂器多放在蜂箱中的隔板外侧（图 51），也可将饲喂器置于巢脾上方的空继箱内。

（二）奖励饲喂

为了刺激蜂王产卵、工蜂泌浆育子，加快造脾速度，促进蜂群的采集授粉积极性，以及在合并蜂群、诱王等操作之前稳定蜂群的性情，无论蜂群巢内贮蜜是否充足，在一段时间内连续饲喂蜂群一定量的糖饲料，这种给蜜蜂外界有蜜源错觉的饲喂蜂群糖饲料的方法就是奖励饲喂。

在春季，对蜂群进行奖励饲喂至少应在主要流蜜期到来之前45天，或外界出现粉源的前一周开始。在秋季，应在培育适龄越冬蜂阶段前期开始奖励饲喂。人工育王或生产蜂王浆，应在组织好哺育群或产浆群后开始奖励饲喂。奖励饲喂应在促王产卵时进行。

奖励饲喂与补助饲喂不同的是要连续饲喂。奖励饲喂的方法是主要采用饲喂器饲喂（图51）。奖励饲喂的量往往比较少，选用饲喂器的容量也可小些，甚至可以将巢框上梁开槽形成巢框饲喂器（图52）。奖励饲喂糖饲料的浓度常为成熟蜂蜜2份或优质蔗糖1份、兑水1份。奖励饲喂的量以巢内贮蜜不压缩蜂王产卵圈为度。对巢内贮蜜不足的蜂群奖励饲喂，糖饲料的浓度和饲喂量可适当增加。奖励饲喂应在每晚连续进行，不可无故中断。

图52 巢框饲喂器

二、蛋白质饲料的饲喂

花粉是蜂群自然食物中唯一的蛋白质来源。外界粉源不足，就会造成蜂王产卵减少和幼虫发育不良，严重影响蜜蜂群势的发展。此外，蛋白质饲料不足还会引起蜜蜂早衰、泌蜡造脾和泌浆育子等能力降低。因此，在蜂群增长、蜂王培育、蜂王浆生产、雄蜂蛹生产等时期，如果外界粉源缺乏，就必须给蜂群补充花粉或人工蛋白质饲料。花粉及花粉代用品饲喂蜂群的方法主要有补充粉脾、灌脾饲喂、花粉饼饲喂等。

（一）补充粉脾

将保存的粉脾直接加到蜂巢中靠近子脾的外侧。

（二）灌脾饲喂

用奖励饲喂浓度的蜜液或糖液充分搅拌蜂花粉或蛋白质饲料的代用品，直到用手能捏成团松开落到案板上、又能散开将花粉及其代用品灌入空脾的巢房中，或者将巢脾中央部分用硬纸板遮住，在脾的四周空巢房中灌入蛋白质饲料（图 53），最后在脾面上刷蜜液，放入蜂群中紧靠子脾的位置饲喂。灌蛋白质饲料的巢脾需要选择脾面颜色深一些的旧脾。

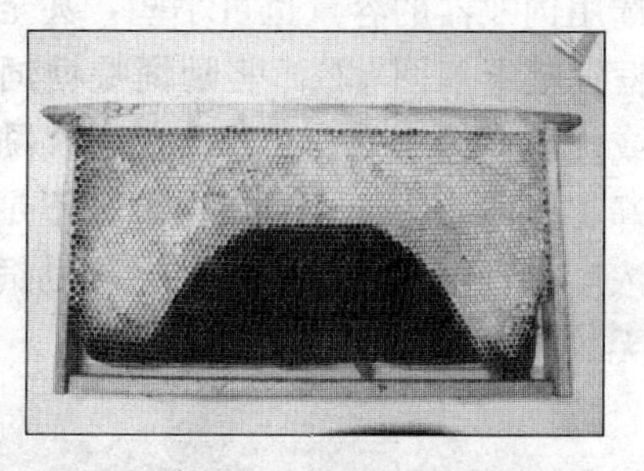

图 53　蛋白质饲料灌脾饲喂

（三）饼状饲喂

将蜂花粉或花粉的代用品用蜂蜜或糖液充分浸泡后，搅拌成面团状，然后搓揉成长条形，放到蜂箱中的框梁上，由蜜蜂自行取食。为了防止花粉饼干燥，可在花粉饼上方覆盖无毒的塑料薄膜（图 54）。

图 54　饼状饲喂

三、饲水

水是蜜蜂生命活动中不可缺少的物质，蜂群在育子过程中需要大量的水，蜂群中所需要的一部分水可来自蜜蜂采集的花蜜，在非流蜜蜂期蜜蜂需要专门采集水。水还是蜜蜂调节巢温的媒介，通过水分蒸发降低巢内温度和湿度。人工饲水能够减轻蜂群的劳动强度，避免蜜蜂从不洁水源采集。喂水的方法主要有三种：场上饲水、巢门前饲水和巢内饲水。

（一）场上饲水

在蜂场设置蜜蜂采水装置，供蜜蜂自由采水。场上饲水器可以简单地用盆等普通大口容器置于蜂场中，容器盛水。为防蜜蜂

图 55　容器盛水置于蜂场饲水

采水时溺亡，可在容器中铺砂石或干草等（图 55）。专业蜂场可设置自动饲水器，用水桶等容器改装。在容器下方安装水龙头，水龙头下方置一块长斜板（图 18）。调节水龙头开关，以一定的速度将容器中的水滴到斜板上，使蜜蜂能在斜板上采到水。

（二）巢门前饲水

玻璃瓶等容器装满净水后，或用一个小塑料袋盛满水，把袋

口扎住，放在巢门踏板下，并从瓶中或小塑料袋中引出一根棉纱带，或让蜜蜂在湿润的棉纱带上吸水（图 56）。南方蜜蜂越夏宜采用此方法饲水，棉纱中的水在巢门前蒸发有助于降低巢口温度。

图 56　巢门前饲水

（三）巢内饲水

在早春和晚秋，为防止采水蜂低温飞出造成冻失，可采取巢内喂水的方法。巢内饲水可在饲喂器添加饮用水，或将空脾灌水后放置在箱内的隔板外侧。

第四节　巢脾修造和保存

巢脾是蜂群培育蜂子、贮存粉蜜以及蜜蜂在巢内活动的场所。蜂群中的巢脾质量能够反映饲养技术的高低和管理水平。优质巢脾不陈旧，浅黄色至棕色，完整，几乎满巢框，无孔洞、无破损，脾面平整，无翘曲（图 22）。

饲养西方蜜蜂的蜂场在一年中最后一个主要蜜源花期结束时，贮备足够的优质巢脾，以便在早春蜂群发展的初期加脾扩巢。一张意蜂巢脾最多使用 3 年，也就是全蜂场每年至少应更换 1/3 以上的巢脾。中蜂常啃咬旧脾，使巢内蜡渣堆积，滋生巢虫，也应年年更换新脾。饲养中华蜜蜂的蜂场一般不贮存巢脾。

一、新脾修造

优质巢脾应完整、平整、无雄蜂房或雄蜂房少，修造优质巢脾的关键在于巢础框周正、上础优良，造脾蜂群粉蜜充足、蜂王产卵力强、适龄泌蜡蜂多、群强密集。新脾修造需要制作优质的巢础框和加入蜂群后加强造脾群的管理。

（一）制作巢础框

巢础框制作需经清理巢框、拉线、上础、埋线、固定巢础等步骤。巢础框要求巢脾表面平整、不破损、无孔洞，铁丝埋在巢础中，上端伸入上梁的巢础沟中，熔蜡固定。

1. 制作或清理巢框　新巢框由一根上梁、一根下梁和两根侧条钉制（图57）。先从上梁两侧的框耳上方各用一根小铁钉固定侧条，再从侧条顶端用小铁钉将侧条加固钉在上梁。小铁钉应钉在巢础沟两侧。最后用小铁钉在侧条下方固定下梁。

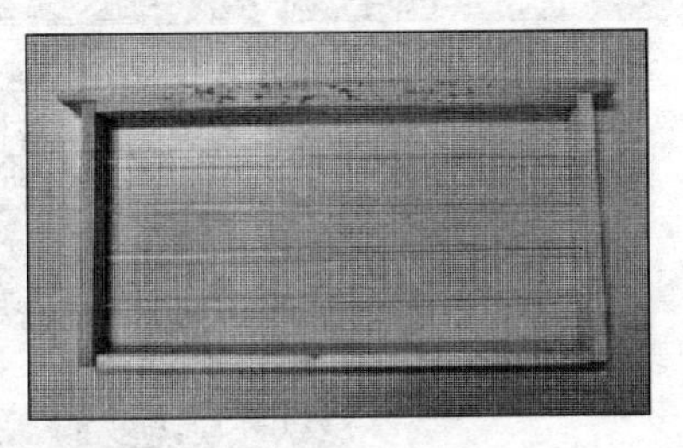

图57　巢　框

制作专用的装钉巢框模具，批量钉巢框可以大幅度提高效率。用木料制成框架结构（图 58a），先固定巢框的侧条（图 58b），在侧条的上方涂胶水（图 58c），将上梁黏合在侧条上（图 58d），从上梁钉入铁钉固定上梁与侧条（图 58e），从侧条钉入铁钉加固侧条与上梁的连接（图 58f），从下梁钉入铁钉固定侧条与下梁（图 58g），完成一批的巢框装钉（图 58h）。

清理巢框时，将旧脾从巢框割下去除铁丝，用起刮刀清理干净框梁和侧条上的蜂蜡（图 59a）。用自制的清沟器（图 59b）清除上梁下面巢础沟中的残蜡（图 59c）。旧巢框清理干净后，需检查巢框是否完好和平整，必要时需调整或重新装钉。

2. 拉线　拉线是为增强巢脾的强度，避免巢脾断裂。拉线使用 24～26 号铁丝，拉线时顺着巢框侧梁的小孔穿 4 道铁丝

(图 57)，也可对角线斜拉（图 60a)，将铁丝的一端缠绕在事先钉在侧条孔眼附近的小铁钉上，并将小钉完全钉入侧条固定。用手钳拉紧铁丝的另一端，直至用手指弹拨铁丝能发出清脆的声音为度。最后将这一端的铁丝也用铁钉固定在侧条上（图 60b)。

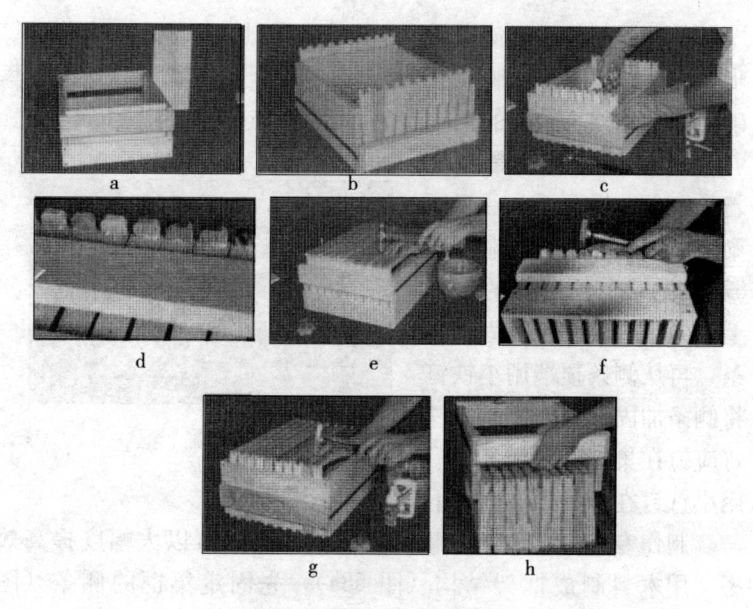

图 58　用模具批量钉巢框

(引自 T′Lee Sollenbege，2002)

3. 上础　巢础（图 61）用蜂蜡压制，很容易被碰坏，上础时应细心。将巢础放入拉好线的巢础框上，使巢框中间的两根铁丝处于巢础的同一面，上、下两根铁丝处于巢础的另一面。再将巢础仔细放入巢框上梁下面的巢础沟中。

4. 埋线　将已拉线的巢础框镶入巢础，使中间的铁丝在巢础的一面，上下两条铁丝在巢础的另一面。将巢础框平放在埋线板（图 62）上，调整巢础已镶嵌伸入上梁的巢础沟，并将巢础抚平。用埋线器将铁丝加热，熔化部分巢础中的蜂蜡，铁丝埋入

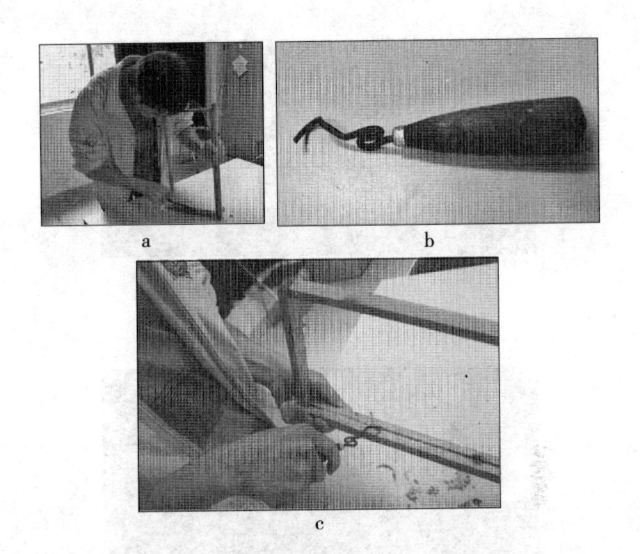

图 59　清理巢框

a. 用起刮刀清理巢框　b. 清沟器　c. 用清沟器清理巢础沟

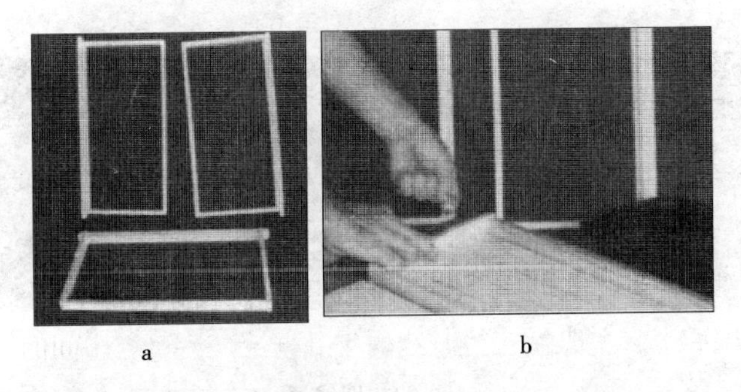

图 60　拉　线

a. 已拉线的巢框　b. 将铁线一端固定在侧条上

（引自 T'Lee Sollenbege，2002）

巢础中。

埋线器主要有普通埋线器（图 63a）和电热埋线器（图 63b）。普通埋线器主有两种类型：烙铁式埋线器（图 63a 上图）

图 61　巢　础

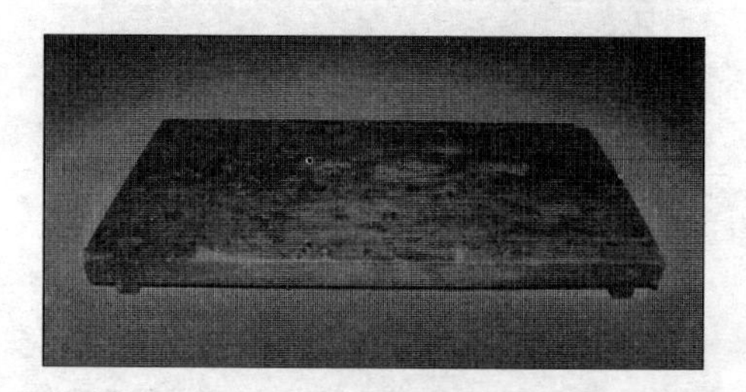

图 62　埋线板

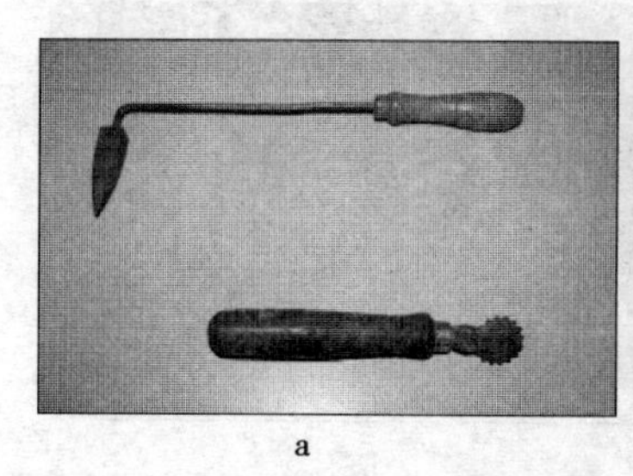

a

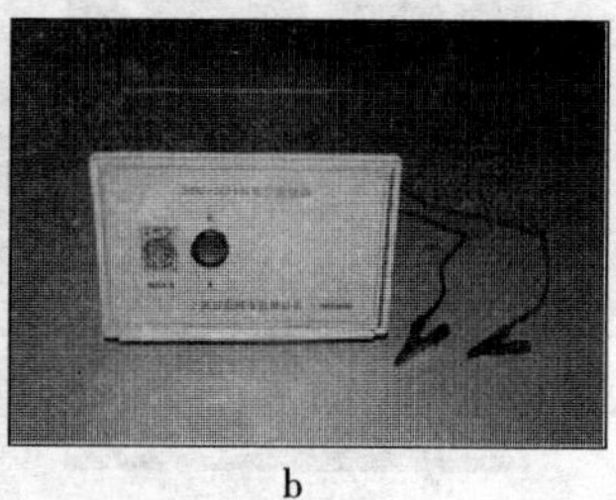

b

图 63　埋线器

a. 普通埋线器　b. 电热埋线器

和齿轮式埋线器（图 63a 下图）。普通埋线器在使用前需要适当加热，埋线器尖端部有小沟槽，埋线时将埋线器尖端小沟槽骑在铁丝上向前推移（图 64a、b）。推移埋线器时，用力要适当，防止铁丝压断巢础，或浮离巢础的表面。用电热埋线器上础时，将两个电极分别与铁丝两端接触，通过短路加热铁丝（图 64c）。埋线时先将中间的铁丝埋入，然后再埋上、下两条铁丝。将铁丝逐根埋入巢础中间，如果铁丝浮在巢础表面，巢脾修造后，浮铁丝的一行巢房不被蜂群育子利用（图 65）。

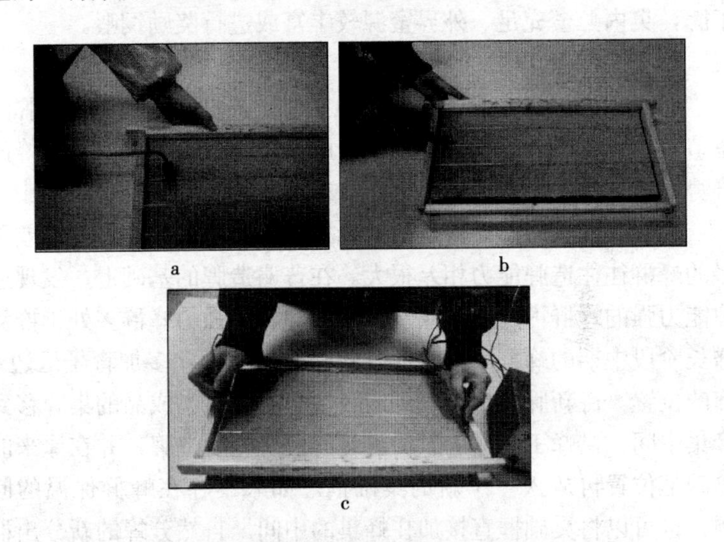

图 64　埋　线

a. 用烙铁式埋线器埋线　b. 用齿轮式埋线器埋线　c. 用电热埋线器埋线

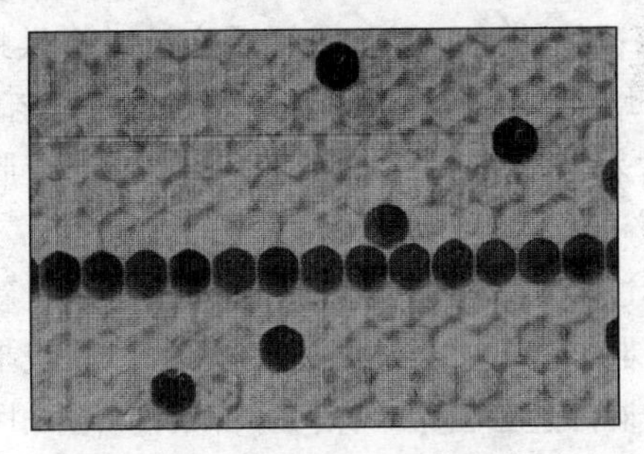

图 65　未将铁丝埋入础中

5. 固定　埋线后需用熔蜡浇注巢框上梁的巢础沟槽中，使巢础与巢框上梁粘接牢固。熔蜡的温度不可过高，否则易使巢础熔化、损坏。

（二）加础造脾

快速造脾的要点是蜂群处于快速发展阶段、群势较强、蜂多于脾，巢内贮蜜充足、外界蜜源较丰富或进行奖励饲喂。

1. 加础造脾方法

（1）*普遍造脾* 普遍造脾是指在蜜粉源较丰富、适宜造脾的季节，全场正常蜂群每群均加础造脾。巢础框的数量根据蜜蜂的群势而定，加入巢础框后仍能保持蜂脾相称。

（2）*重点造脾* 并不是所有蜂群造脾能力都相同，外观差不多的蜂群往往造脾能力相差很大。在普遍造脾的基础上，发现造脾能力强的蜂群可用于重点造脾。造脾能力强的蜂群多处于群势增长阶段中期的蜂群。巢础框一般每次加一个，多加育子区边2脾的位置。待新脾巢房加高到约一半时，将这半成品的巢脾移到蜂巢中间，供蜂王产卵，以促进蜂群更快速度造脾，并在原来的巢础框位置再放入一个新的巢础框。如果不存在蜂群保温的问题，也可以将巢础框直接加在蜂巢的中间。自然分蜂的新分出群造脾能力最强，巢内除了放一张供蜂王产卵的半蜜脾之外，其余均加入巢础框，加入巢础框的数量以群内蜂脾相称为度。

2. 造脾蜂群的管理 新脾造好后应及时提供蜂王产卵，未经蜂王产卵、培育蜂子的巢脾时间过久则成为“老白脾”。“老白脾”表面看起来似“新脾”，实际上基本属于废脾，蜂王不在“老白脾”上产卵。

巢内巢脾过多，影响蜂群造脾积极性，并使新脾修造不完整。在造脾蜂群的管理中应及时淘汰老劣旧脾或抽出多余的巢脾，以保证蜂群内适当密集。保持蜂群巢内蜂脾相称，或蜂略多于脾，是快速造脾和脾面完整的关键点。保证蜂群粉蜜充足是修造优质巢脾的物质基础。奖励饲喂能够促进蜂群造脾。

巢础框加入蜂箱中的位置由蜜蜂群势和外界气温决定。加入蜂巢中间造脾快，但易影响巢温。气温适宜、蜜粉源较丰富、造脾有利的季节，在蜜蜂群势强盛、蜂王产卵力强的蜂群中造脾可直接将巢础框加到蜂巢中间的位置。气温不稳定的季节，群势较弱的蜂群造脾，巢础框放入子圈的外侧。除了生产雄蜂虫蛹或育种需要修造雄蜂脾，巢础框一般不宜加入继箱。

在新脾修造过程中，需要检查1～2次。变形破损的巢础框及时淘汰。未造脾或造脾较慢，应查找原因。修造不到边角的新脾，应立即移到造脾能力强且高度密集的蜂群去完成。如果巢础框两面或两端造脾速度不同，可将巢础框调头后放入。发现脾面歪斜应及时推正。

二、巢脾保存

西方蜜蜂在流蜜期的中后期群势下降，应从蜂箱中抽出余脾。抽出的巢脾保管不当，就会滋生巢虫，引起盗蜂、发霉、积尘和遭受鼠害，将严重影响下一个养蜂季节的蜂群管理。巢脾保存最主要的问题是防止蜡螟（图66）的幼虫（图67）蛀食危害巢脾（图68）。巢脾应该保存在干燥清洁密封的地方，大多数蜂场将巢脾贮存在空蜂箱中。贮存巢脾的蜂箱应将四周与接缝用纸糊好密封，防止蜡螟进入箱内产卵。

图66　蜡　螟

图 67　巢虫（蜡螟的幼虫）

图 68　被巢虫毁坏的巢脾

（一）巢脾选择和清理

巢脾贮存之前，应将空脾中的少量蜂蜜摇尽，并放到巢箱隔板外侧，让蜜蜂将残余在空脾上的蜂蜜舔吸干净，然后再取出收存。从蜂群中抽取出来的巢脾用起刮刀将巢框上的蜂胶、蜡瘤、下痢的污迹及霉点等杂物清理干净，然后分类放入蜂箱中。

需要贮存巢脾可分为蜜脾、粉脾和空脾三大类，我国现在的养蜂模式很少贮存蜜脾和粉脾。贮存的蜜脾应为成熟封盖。花粉脾要待蜜蜂加工到粉房表面有光泽后再提出，同时在粉脾表面涂一层浓蜂蜜，并用无毒塑料薄膜袋包装，以防干涸。我国养蜂更多是贮存空脾，主要用于早春提供蜂王产卵，贮存的空脾对早春蜂群的发展至关重要。将空脾根据质量分为三等，并分别存放，做好标识，便于早春时使用。一等巢脾浅褐色、完整平整、无雄蜂房；二等巢脾稍有缺陷；三等巢脾有明显缺陷，在一等巢脾和二等巢脾均用完后备用。颜色深褐色甚至呈黑色、巢脾变形，雄蜂巢房过多、巢脾破损，以及没有育过蜂子的老白脾等，都不宜保留，应集中化蜡。

（二）巢脾熏蒸

巢脾需要放在密闭的空间内，用药物进行熏蒸。有条件的蜂场可建造封闭的巢脾贮存室，在室内放置巢脾架。我国目前大多数蜂场将巢脾贮存蜂箱中，蜂箱所有的缝隙均用裁成条状的报纸糊严。通过药物熏蒸杀灭巢脾上的蜡螟及其卵虫蛹。用于巢脾熏蒸的药物主要有二硫化碳和硫黄粉。熏蒸保存的巢脾，使用前应取出经过一昼夜通风，待完全没有气味后方能使用。

1. 二硫化碳熏蒸　二硫化碳是一种无色、透明、有特殊气味的液体，常温下易挥发。同时易燃、有毒，使用时应避免火源或吸入。二硫化碳熏蒸巢脾时可在一个巢箱上叠加5～6层继箱，最上层继箱还应在中间空出2脾的位置，其他继箱均等距排列10张脾。二硫化碳气体比空气重，应放在顶层继箱。

在熏蒸操作时，为了减少吸入有毒的二硫化碳气体，向蜂箱中放入二硫化碳时应从下风处，或从里面开始，逐渐上风或外面移动。二硫化碳的气体能杀死蜡螟的卵、虫、蛹和成虫，除非以后外面的巢虫或蜡螟重新侵入，经一次彻底处理后就能解决问题。二硫化碳的用量，按每立方米容积30毫升计，即每个继箱用量，约合1.5毫升。考虑到巢脾所处空间不可能绝对密封，实际用量可酌加1倍左右。

2. 硫黄熏蒸　硫黄粉熏蒸是通过硫黄粉燃烧后产生大量的二氧化硫气体，从而达到杀灭巢虫和蜡螟的目的。硫黄粉熏蒸需要进行3次，时间间隔为15天。在一个空巢箱上加5～6个继箱。为防硫黄燃烧时巢脾熔化失火，巢箱不放巢脾，第一层继箱仅在两侧各排列 6 个巢脾，分置两侧，中央空出 4 框的位置，继箱等距离放入 10 张巢脾。硫黄粉的用量，按每立方米容积 50 克计算，每个继箱约合 2.5 克。考虑到巢脾所处空间不可能绝对密封，实际用量同样酌加 1 倍。在薄瓦片或浅碟盘中放上燃烧火炭数小块，撒上硫黄粉后，撬起巢门档，从巢门档处塞进箱底。硫黄粉完全烧尽后，将余火取出，仔细观察箱内无火源后，再关闭巢门档并用报纸糊严。硫黄熏脾易发生火灾事故，切勿大意。二氧化硫气体具有强烈的刺激性、有毒，操作时应避免吸入。

第五节　蜂王和王台的诱入

蜂王或王台的诱入是蜂群在无王或由于蜂王衰老、病残需要淘汰的情况下，将它群的蜂王或王台放入蜂群中的一种补充蜂王方法。蜂王或王台的诱入，简称诱王或诱台，在养蜂生产上也称为介绍蜂王或介绍王台。自然蜂群发生失王，都是本群工蜂培育新王，不轻易接受其他蜂群的蜂王和王台。把非本群蜂王放到蜂群中时，易发生工蜂围王。诱入蜂王的成功与否，与诱入蜂王时的蜜源、群势以及蜂王的行为和生理状态等因素有关。蜜源丰富，群势较弱，蜂王腹大、产卵力强、爬行稳重时诱王易成功。

一、蜂王诱入

诱入蜂王多为产卵王，处女王活泼好动很难诱入成功。在蜂群需要新蜂王时，如果没有产卵蜂王，多诱入成熟王台，很少诱入处女王。

（一）直接诱入

直接诱入就是把蜂王直接放入蜂群，通常在蜜源丰富时进行。蜂王直接诱入操作简单，但在条件不理想时或操作不慎重，诱王容易失败。

蜂王直接诱入方法较多。可以在夜晚将蜂王轻轻放到无王群框梁上或巢门口，让蜂王自行爬上巢脾，或从交尾群里提出一框连王带蜂的巢脾，放到隔板外，过1～2天，再调整蜂群。也可将无王群的副盖搭放巢门踏板上，再从箱中提出2～3框蜂抖落在斜放于巢门前的副盖上，把产卵王放入蜜蜂中，使蜂王跟随蜜蜂一起进入蜂箱。更换蜂王时，提走蜂王，立即将诱入的蜂王放到提走蜂王的位置，稍观察一会，如果蜂群没有围王行为，诱入蜂王稳重，能接受工蜂的饲喂，并寻找巢房产卵，就可以把巢脾放入蜂群。直接诱入蜂王后，开箱易引起工蜂警觉，应先巢外观察巢门前工蜂活动是否正常，过1～2天后再开箱检查。

（二）间接诱入

蜂王间接诱入，就是把蜂王暂时关闭在能够透气的诱入器中，放入蜂群，蜂王被接受后再释放蜂王的诱入方法。这种诱王方法成功率很高，一般不会发生围死蜂王的事故。在外界蜜源不足、蜂王直接诱入较难成功时，多采用这种方法诱王。但是间接诱王比较麻烦，而且间接诱王成功后，将蜂王释放出来常需要过一段时间蜂王才能恢复正常的产卵。

对已出现工蜂产卵的无王群诱入蜂王更为困难，最好用间接诱入法诱入老产卵王。在诱入蜂王前提走有工蜂产卵的

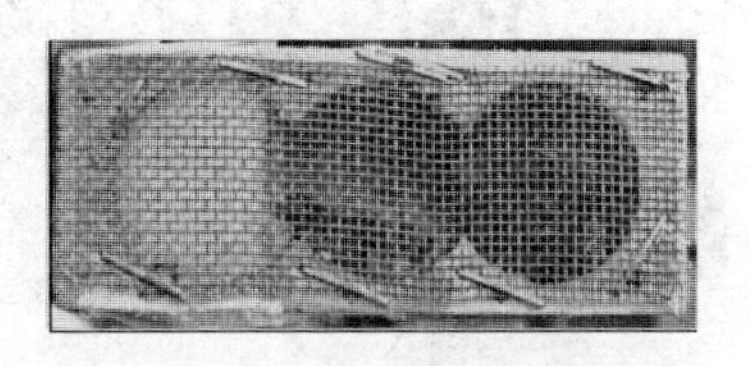

a

b

图69　蜂王邮寄笼

a. 木制蜂王邮寄笼

b. 塑料蜂王邮寄笼

巢脾。在诱入蜂王后奖励饲喂，直至诱王成功。诱入的蜂王产卵后，工蜂产卵会自然消失。

间接诱王的诱入器有全框诱入器、蜂王邮寄笼（图 69）、工蜂不能进出的囚王笼（图 70a）以及临时简便的诱入器，如铁丝卷成的小圆筒等（图 71）。在诱王操作时，将蜂王放入诱入器中放在框梁上（图 72）或夹放在框梁间（图 73），也可用扣脾笼将蜂王扣在巢脾上，连同巢脾一同放入无王群。扣脾诱入器应将蜂王扣在卵虫脾上有贮蜜的部位，同时关入 7～8 只在小幼虫脾活动的哺育蜂陪伴蜂王。1～2 天后开箱检查，如果诱入器上的蜜蜂已散开，工蜂已开始饲喂蜂王，或向诱入器密集的工蜂轻吹口气时蜜蜂散开，说明此蜂王已被蜂群接受，可将蜂王放出。如果诱入器的工蜂用上颚啃咬诱入器，则不能放出蜂王。

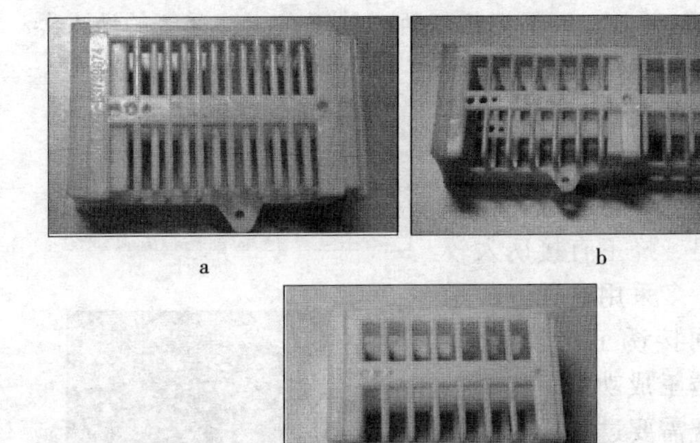

图 70　可调节的囚王笼

a. 工蜂不能进出囚王笼　b. 工蜂可进出囚王笼，空间调大

c. 工蜂可进出囚王笼，空间调小

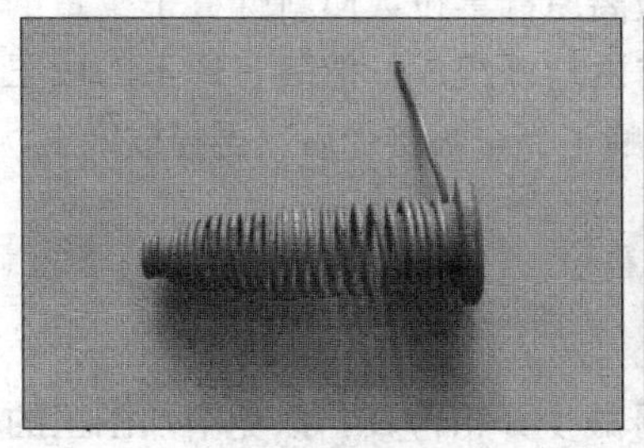

图 71　弹簧形的蜂王诱入器

图 72　蜂王邮寄笼放在框梁上

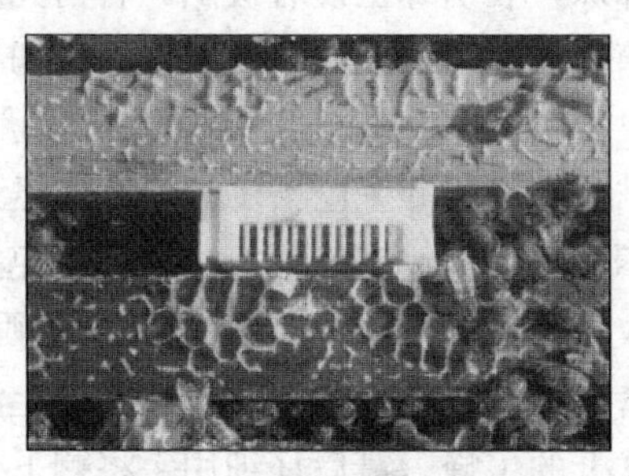

图 73　诱入器夹放在框梁间

间接诱王最好用框式诱入器，即从交尾群中选择一框带有边角蜜的巢脾，连蜂王、工蜂和巢脾一起放入框式诱入器中，插上盖板后放入无王群。过 1～2 天后，诱入器铁纱上的工蜂没有敌意后，就可撤去诱入器。

诱入邮寄来的蜂王，可将笼内伴随工蜂去除后，将邮寄王笼直接放在蜂路间，王笼的铁纱一面对着蜂路。也可用一小团炼糖塞住邮寄王笼的进出口，放入无王群，待工蜂将炼糖吃光后，进出王笼的通道自行打通，蜂王自行从王笼中爬出。

（三）组织幼蜂群诱入蜂王

组织幼蜂群是最安全的诱王方法，对于必须诱入成功的蜂王可采用此法诱入。用脱蜂后的正在出房的封盖子脾和小幼虫脾上的哺育蜂组成新分群，新分群搬离原群巢位，使新分群中少量的外勤工蜂飞返原巢，新分群基本由幼蜂组成。把装有蜂王的囚王笼放入蜂群中的两巢脾中间。等蜂王完全被接受后，再释放蜂王。

二、被围蜂王解救

对诱入蜂王不久的蜂群尽量减少开箱检查，以免增加围王的危险。可先在箱外观察。当看到蜜蜂采集正常，巢口又无死蜂或工蜂抱团的小蜂球，表明蜂王没有被围。若情况反常，就需立即开箱检查。开箱检查围王情况，只要把巢脾稍加移动，从蜂路向下看即可。如果脾间蜂路和箱底没有聚集成球状蜂团说明正常，如果发现蜜蜂结球，说明蜂王已被围其中，应迅速解救。

解救蜂王不能用手捏住工蜂强行拖拉，避免损伤蜂王。可立即把蜂球用手取出投入到温水中，或向蜂球喷洒蜜水或喷烟雾，或将清凉油的盒盖打开扣在蜂球上，或向蜂球上滴数滴成熟蜂蜜等方法驱散蜂球上的工蜂。最后仔细用手将剩下少量死咬蜂王不放的工蜂一一捏死。解救出来的蜂王，应做好仔细检查。蜂王伤势严重，则不必保留；蜂王肢体无损，行动正常的蜂王，可再放入诱入器中重新间接诱入，直到被蜂群接受后再释放出来。

三、王台的诱入

在诱入王台前一天应毁除诱台蜂群所有的王台，如果是有王群还需除王。诱入的王台为封盖后 6～7 天的老熟王台，王台端部的蜂蜡已被工蜂去除，露出茧衣。在诱入王台的过程中，应始终保持王台垂直并端部向下，切勿倒置或横放王台，尽量减少王台的振动。在气温较低的季节诱台，应避免王台受冻。

诱入王台的蜂群群势较弱，可在子脾中间的位置用手指压一些巢房，然后使王台保持端部朝下的垂直状态紧贴在巢脾上压倒巢房的部位，牢稳地嵌在凹处。如果群势较强，可直接夹在两个巢脾上梁之间。

在给群势稍强的蜂群诱入王台时，王台诱入后常遭破坏。为保护王台，可用王台诱入器（图 74）或铁丝绕成弹簧形的王台保护圈（图 75）加以保护。也可以用锡箔纸包裹在王台侧面和上端，仅把下端部露出，以供处女王出台。

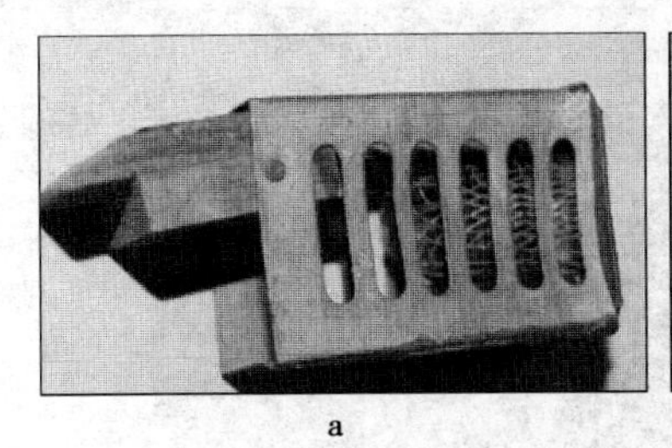

a

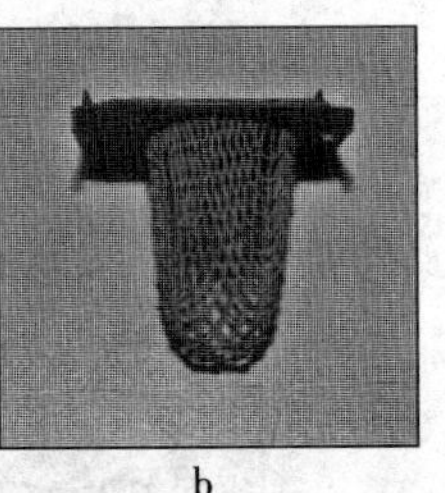

b

图 74　王台诱入器

a. 可控处女王在诱入器中，也可放出处女王

b. 王台诱入器中的保护网

图 75　弹簧形的王台保护圈

第六节　分蜂团的收捕与安置

在分蜂期由于检查蜂群不及时或因检查疏忽，自然分蜂仍可能发生。而旧法饲养的蜂群，自然分蜂更是不可避免。自然分蜂飞出的蜜蜂，会暂时结团于附近的树干或建筑物上（图 76），然

后再飞向远处的新巢。当自然分蜂飞出的蜜蜂集结成分蜂团时，是及时收捕的好时机。东方蜜蜂和西方蜜蜂的性情不同，收捕分蜂团的用具和方法也不同。中蜂性情活跃，收捕中蜂团相对麻烦，中蜂的收捕方法可以用于收捕西方蜜蜂的分蜂团，而常用于收捕西方蜜蜂分蜂团的方法却不适于中蜂。

图 76　分蜂在树上结团

一、分蜂团的收捕

发现分蜂越早越容易处理，在分蜂季节应注意蜂群的分蜂动态，做好准备，及时处理。在蜂群管理中尽可能早发现分蜂和早处理。

（一）刚出巢的分蜂团收捕

大批蜜蜂突然涌出巢门，蜜蜂在蜂场上空纵横飞行，在分出群未结团之前可采取 3 种方法处理，即关闭巢门、控制蜂王和用收蜂器收蜂。

1. 关闭巢门　在开始分蜂数秒内，蜂王还没有出巢，可立即关闭巢门，打开蜂箱前后纱窗，取下箱盖覆布露出纱盖。用喷雾器向巢内喷水，迫使蜂群安定。待蜂群平静后打开蜂箱，参照解除分蜂热的方法，采取人工分群、调整子脾等措施。

2. 控制蜂王　当分蜂群开始涌出巢门时，守候在蜂箱前，在巢门捕捉刚出巢的蜂王。捉到蜂王后，将蜂王放入囚王笼中（图 70b、c，图 77）。然后把分蜂群的蜂箱移开，原位置放一个空蜂箱，调入一张卵虫脾、一张蜜脾和若干巢础框，将囚王笼夹放在框梁间。分出群结团后因无蜂王，蜂团解散，工蜂飞回原巢位。也可用扣脾笼（图 78a）将蜂王扣在脾面上（图 78b）。当蜂群安定之后，调整蜂群并将蜂王放出。

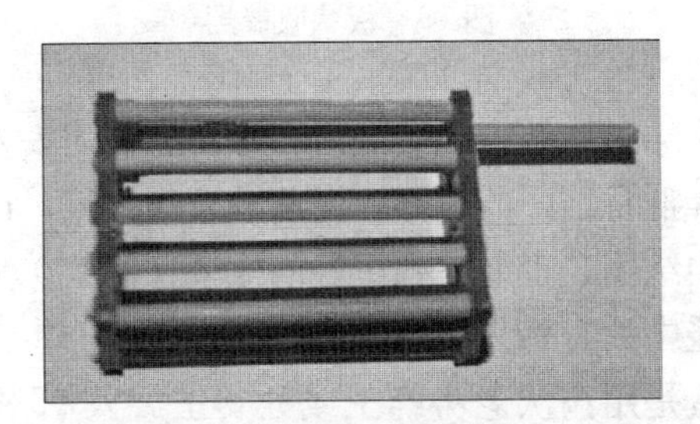

图 77　国内常用的竹制囚王笼

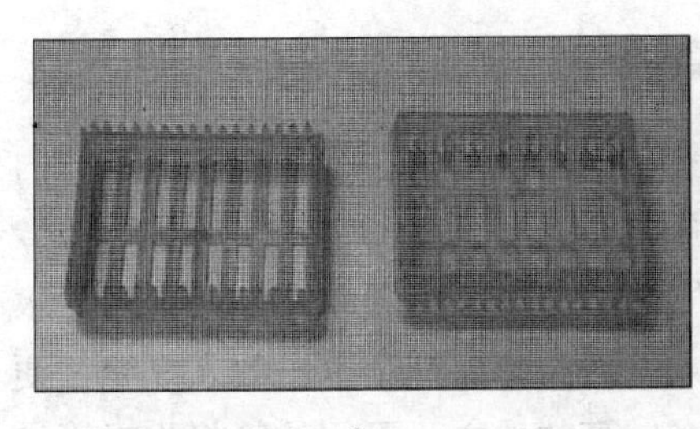

a

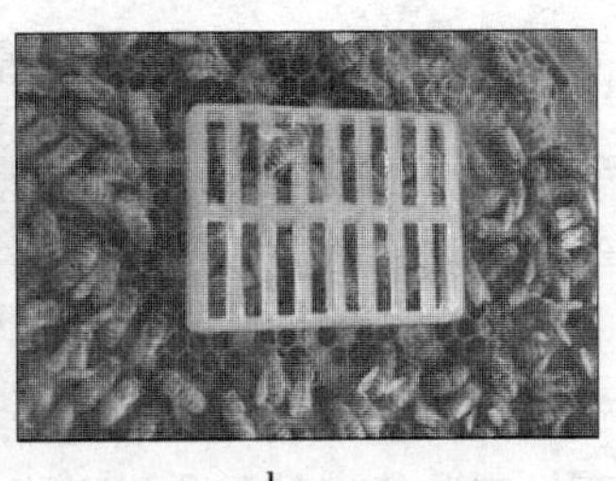

b

图 78　扣脾笼

a. 扣脾王笼　b. 将蜂王扣在脾面上

3. 收蜂器收蜂　收蜂器多为笼式，个别呈板状（图 79）。笼式收蜂器也称为收蜂笼，制作收蜂笼的材料和形状多样，多呈钟状，材料有枝条、竹篾、麦秸、棕皮或树皮等（图 80）。

蜂群发生分蜂，蜂王已离开蜂箱，但还未结团时，可立即将收蜂器用长竹竿挑挂在分出蜜蜂飞翔相对集中的空中，吸引分出

a

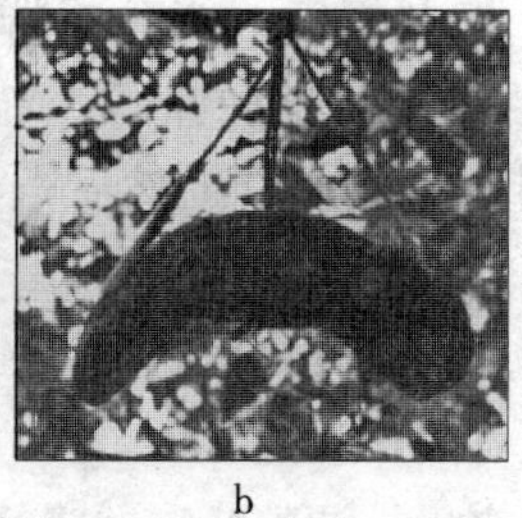
b

图 79　板状收蜂器

a. 正面观　b. 侧面观

群在收蜂器中结团。等蜂团安静后再参照分蜂团安顿的方法酌情处理。在分蜂群常结团的地方，提前放置收蜂笼，诱使蜜蜂在放置的收蜂笼中结团，也能收到很好的效果（图 81）。

在收蜂笼中涂有蜂王浸液、蜂蜜或绑有旧脾，收蜂效果更好。蜂王浸液是用淘汰老劣蜂王或处女王放入 95%酒精中浸泡提取的，内含蜂王信息素，对工蜂有很强的吸引力。

（二）已结团稳定的分蜂团收捕

1. 收蜂笼收捕分蜂团　先将收蜂笼挂在蜂团上方，笼的内缘必须接靠蜂团，利用蜜蜂的向上性，以淡烟或软帚驱蜂上移，并以蜂刷或鹅羽顺势催蜂入笼。如发现蜂团骚动不安，可略喷水镇定。待分蜂团大部分蜜蜂入笼后，确保蜂王也已收入蜂笼，便可结束收蜂。如果分蜂团挂在较高的地方，可用竹竿将收蜂笼吊起，靠近蜂团收捕。实在不便收捕，可以设法震散蜂团，使之重新结团后再收捕。

2. 巢脾收捕分蜂团　将巢脾的脾面靠近分蜂团，分蜂团的蜜蜂将逐渐爬到巢脾上，待一张脾的两面基本爬满蜜蜂后取下查看蜂王是否上脾后，放入蜂箱中。再用一张空脾靠近分蜂团，直到大多数蜜蜂都被收到蜂箱，且蜂王也收到后为止。如果分蜂结团很高，可将巢脾用铁丝等将巢脾的框耳绑在竹竿上，再将巢脾

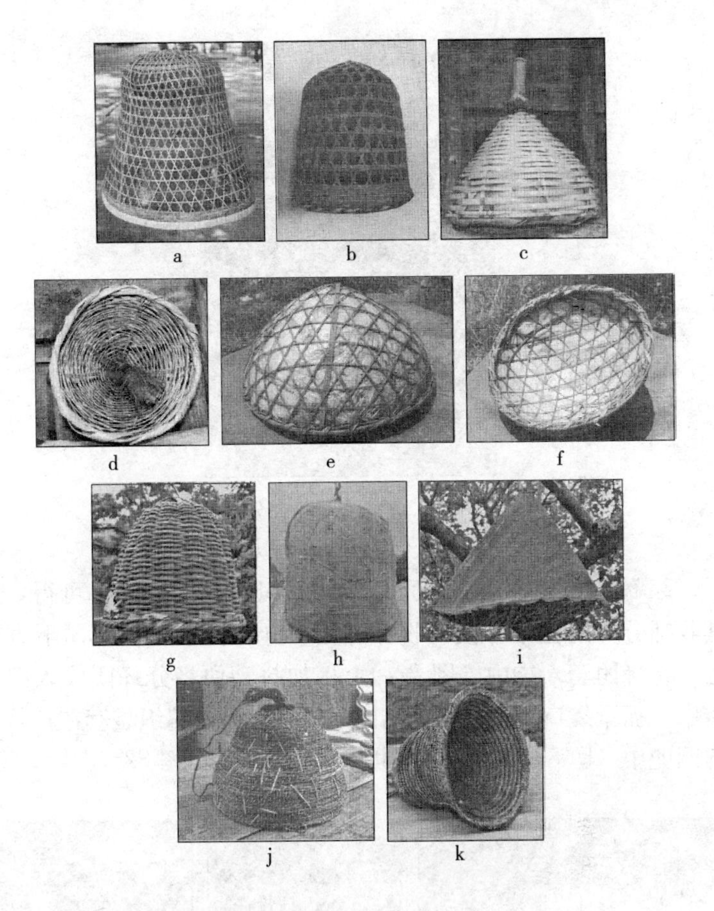

图 80 收蜂笼

a. 竹篾与棕榈树皮编制（浙江） b. 竹篾与棕榈树皮编制（福建）
c. 竹条编制外观（重庆） d. 竹条编制内部（重庆）
e. 竹篾与竹叶编制外观（浙江） f. 竹篾与竹叶编制内侧（浙江）
g. 枝条编制（辽宁） h. 枝条编制、用布包裹（宁夏）
i. 树皮缝制（吉林） j. 草编（甘肃） k. 麦秸编制（甘肃）

靠近分蜂团，此方法只适合西方蜜蜂的分蜂团收捕，中蜂不适用。

图 81　收蜂笼吊放在分蜂团常聚集的地方

3. 编织袋等收捕分蜂团　塑料编织袋在农村随手可得，用其收捕分蜂团也很方便。收蜂时编织开口向上，从蜂团下方靠近，将蜂团套入袋中（图 82a），稍加抖动便将分蜂团收入编织袋中，抓紧袋口。如果蜂团结团过高，也可将编织袋套在长竹竿的网兜中（图 82b），将分蜂团兜入编织袋中（图 82c）。

a

b

c

图 82　用编织袋收捕分蜂团

a. 用编织袋直接收捕分蜂团　b. 编织袋套在长竹竿的网兜中收捕分蜂团

c. 编织袋套在长竹竿的网兜中收捕分蜂团近观

4. 其他方法收捕分蜂团　如果分蜂团在小树枝上结团，可轻稳地剪下树枝，将分蜂团直接抖入蜂箱内。或直接将小树枝上的分蜂团抖入蜂箱中。

二、分蜂团安顿和原群调整

（一）分蜂团安顿

分蜂团收捕后挂在阴凉安静的地方，准备蜂箱和巢脾，20分钟内完成过箱。视分蜂团的大小，在蜂箱内布置巢脾或巢础框，一般保持蜂脾相称。为了稳定蜂性，箱内可放1～2张幼虫脾和粉蜜脾，同时利用新分蜂的造脾积极性，适当加础造脾。接纳新分群的蜂箱摆放到适当位置，摆放稳固。在蜂箱的空余处用稻草等塞满，以防蜜蜂不上脾而在蜂箱空余处筑巢。然后将蜂笼、编织袋等中的分蜂团震落在蜂箱中，迅速盖好箱盖。

（二）原群调整

自然分蜂发生后，及时检查处理原群。除了保留一个较好的王台外，其余王台全部毁除。也可将巢内分蜂王台全部毁除后，诱入新的产卵王。适当地提出空脾，保持蜂脾相称。如果原群经第一次分蜂后仍有分蜂热，可从弱群或新分群提出的卵虫脾加入蜂群中，增加哺育蜂的工作量，彻底解除分蜂热。

第七节　蜂群合并

蜂群合并就是把两群或多群蜜蜂合并组成一个蜂群的养蜂技术。强群是养蜂高产稳产的基础，适当的群势也是蜂群快速发展的基础。弱群不但生产能力低，还容易被盗，易感染病虫害等。群势过弱、失王的蜂群均需合并。

群味和蜂群警觉性是蜂群合并的障碍。群味由蜂箱中贮蜜、贮粉、巢脾、蜜蜂等气味混合形成，是每一蜂群特有的。在蜜源缺乏的季节蜂群间的群味差别很大，大流蜜期因各群的群味均来自同一种蜜源，各群间的群味差别不大。蜜蜂根据群味的不同，可以区别本群或它群蜜蜂。合并蜂群应在警觉性弱的时候，从混同群味入手，进行蜂群的合并。蜂群合并时间应选择在蜂群警觉性较低、没有盗蜂和胡蜂的骚扰、蜜蜂停止巢外活动的傍晚或夜间。

一、蜂群合并前准备

1. 蜂群合并原则 弱群并入强群，无王群并入有王群。

2. 箱位的准备 为了防止合并后蜜蜂仍要飞回原址寻巢，造成混乱，蜂群合并应在相邻的蜂群间进行。需将两个相距较远的蜂群合并，应在合并之前采用渐移法使箱位靠近。

3. 除王毁台 如果合并的两个蜂群均有蜂王存在，除了保留一只品质较好的蜂王之外，另一只蜂王应在合并前 1 天去除。在蜂群合并的前半天，还应彻底检查毁弃无王群中的改造王台。

二、蜂群合并方法

蜂群的合并方法有直接合并和间接合并两种。

（一）直接合并

直接合并蜂群适用于外界蜜源泌蜜较丰富的季节和刚搬出越冬室的蜂群。直接合并前 1～2 小时，将无王群的巢脾移至蜂巢中央，使无王群的蜜蜂全部集中到巢脾上，以便合并时通过提脾将蜜蜂移到并入群。为了保证蜂群合并时蜂王的安全，应先用囚王笼将蜂王暂时保护起来，待蜂群合并成功后，再释放蜂王。

合并时把有王群的巢脾调整到蜂箱的一侧，将无王群的巢脾带蜂放到蜂箱内另一侧。视蜂群的警觉性调整两群蜜蜂巢脾间隔的距离，多为间隔1～3张巢脾。也可用隔板暂时隔开两群蜜蜂的巢脾。次日，两群蜜蜂的群味完全混同后，就可将两侧的巢脾靠拢。

在直接合并有点困难时，可采取混同气味和转移工蜂注意等辅助措施减少风险。具体方法是向蜂群喷洒稀薄的蜜水，或在箱底和框梁滴2～3滴香水或白酒，或向参与合并的蜂群喷烟等措施，或用装满糖液或灌蜜的巢脾先暂时隔开两个蜂群等。

（二）间接合并

间接合并方法应用于直接合并困难的情况下，如非流蜜期、失王过久、巢内老蜂多而子脾少的蜂群。对于失王已久，巢内老蜂多、子脾少的蜂群，在合并之前应先补给1～2框未封盖子脾以稳蜂性。间接合并是先使蜂群群味混同后，再让不同蜂群蜜蜂接触。合并方法主要有两种：报纸合并法和铁纱副盖法。在炎热的天气应用间接合并法，在继箱上要开一个临时小巢门，以防继箱中的蜜蜂受闷死亡。

1. 报纸合并法 将有王群放在巢箱，另一无王群放入继箱，两箱之间可用钻许多小孔的报纸分隔两个需合并的蜂群。经过1～2天，让群味混同，上下箱体中的蜜蜂集中精力将报纸咬开，两群蜜蜂的群味也就混同了。

2. 铁纱副盖法 同样将有王群放在巢箱，另一无王群放入继箱，两箱之间用铁纱隔开。经过1～2天上下箱体中蜜蜂已无斗杀现象，较容易驱赶蜜蜂，就可撤去铁纱副盖，将蜂群合并。

第八节 人工分群

人工分群简称分群，就是人为地从一个或数个蜂群中抽出部分蜜蜂、子脾和粉蜜脾，组成一个新分群。人工分群是人工饲养蜜蜂增加蜂群数量的重要手段，也是防止自然分蜂的一项有效措施。无论采用什么方法分群，都应在蜂群强盛的前提下进行。

一、单群平分

单群平分，就是将一个原群按等量的蜜蜂、子脾和粉蜜脾等分为两群。分开后两个蜂群都由各龄蜂和各龄蜂子组成，不影响蜂群的正常活动，新分群的群势增长比较快。但单群平分后群势大幅度下降，为不影响流蜜期蜂蜜生产，只宜在主要蜜源流蜜期开始的45天前进行。

具体操作是先将原群的蜂箱向一侧移出一个箱体的距离，在原蜂箱位置的另一侧放好一个空蜂箱。再从原群中提出大约一半的蜜蜂、子脾和粉蜜脾置于空箱内，新分出群诱入一只产卵蜂王。单群平分方法人工分群，不宜给新分出群诱入王台。分群后如果发生偏集现象，可以将蜂偏多的一箱向外移出一些，稍远离原群巢位或将蜂少的一群向里靠一些，以调整两个蜂群的群势。

二、混合分群

利用若干个强群中一些带蜂的成熟封盖子脾，搭配在一起组成新分群，这种人工分群的方法叫做混合分蜂。混合分群从根本上解决了分群与采蜜的矛盾。从强盛的蜂群中抽出部分带蜂成熟的子脾，既不影响原群的增长，又可防止分蜂热的发生。同时，可以使蜂场增加采蜜群数量。但混合分群的蜂群数量增长速度较慢，原场分群易回蜂，外场分群较麻烦，且易扩散蜂病。特别需要注意的是患病蜂群不宜参与混合分群。

为了有计划地进行混合分群，应从早春开始就给蜂群创造良好的快速增长条件，加强饲喂和保温，适时扩巢等，促使蜂群尽快地强盛。在蜜蜂增长阶段，当西方蜜蜂群势达10足框以上时，即可从这些蜂群中各抽1～2框成熟子脾，混合组成4～6框带蜂子脾的新分蜂。每一新分群可诱入一只成熟王台。抽脾分群时应先查找原群的蜂王，避免将原群蜂王误随蜂脾提出。为了解决回蜂问题，可在分群后将新分群迁移到直线距离5千米以外的地方。如果是原场分群，新分群应补充抖入2～3框幼虫脾上的内勤蜂，次日检查一次新分群，对蜂量不足的新分群及时补充内勤蜂。

第九节 蜂群近距离迁移

蜜蜂具有很强的识别本群蜂箱位置的能力，如果将蜂箱移到它们飞翔范围内的任何一个新地点，在一段时期内，外勤工蜂仍会飞回到原来的巢位。因此，当对蜂群作近距离迁移时，需要采取有效方法，使蜜蜂迁移后能很快地识别新巢位，而不再飞返原址。

一、逐渐迁移法

如果少量蜂群需要进行10～20米范围内的迁移，可以采取逐渐迁移的方法。向前、后移位时，每次可将蜂群移动1米；向上下左右移位，每次不超过0.5米。移动蜂群最好在早、晚进行。每移动一次，都应等到外勤蜂对移动后的巢位适应之后，再进行下一次移动。

二、蜂群直接迁移法

迁移的原址和新址之间有障物，或有其他蜂群，或者距离比较远，不便采取逐渐迁移，可于清晨蜜蜂未出巢之前，用青草堵塞或虚掩巢门，然后将蜂群直接迁移到预定的新址，并打开后纱窗。蜜蜂在巢内急于出巢便啃咬堵塞在巢门的青草，啃咬的过程可加强它们巢位变动的感觉，重新认巢飞翔。同时，在原址放1～2个弱群收留飞回原址的蜜蜂，待晚上搬入通风的暗室，关闭2～3天，再用该法迁移。也可以在原址放置一个内放空巢脾的蜂箱，收容返回的蜜蜂后，合并到邻群。

三、蜂群间接迁移法

所谓的间接迁移法，就是把蜂群暂时迁移到距离原址和新址都超过5千米的地方，过渡饲养月余，然后直接迁往新址。这种方法进行蜂群的近距离迁移最可靠，但增加养蜂成本和麻烦。

四、蜂群临时迁移

为了防洪、止盗、防农药中毒等原因，需要将蜂群暂时迁移。在迁移时，各箱的位置应详细准确地绘图编号，做好标志。蜂群搬回原场后严格按原箱位排放，以免排列错乱而引起蜜蜂斗杀。

第三章 蜂群基础管理

蜂群基础管理是在养蜂生产中具体的养蜂管理技术，是养蜂者必须具备的基本功。养蜂者熟练地掌握蜂群管理技术，根据不同的外界条件和各个蜂群不断变化的内部情况，及时正确地采取处理措施，对养好蜂、夺取蜜蜂产品的高质稳产是非常重要的。

第一节　分蜂热控制与解除

自然分蜂是在粉蜜丰富的季节，群势强盛蜂群中老蜂王与约一半的工蜂飞离原巢，另择新居的群体行为，简称分蜂。蜂群在增长阶段中后期和流蜜阶段初盛期，当群势发展到一定程度（中蜂3～5框、意蜂6～8框）就可能发生分蜂。分蜂使蜜蜂群势大幅度下降，影响蜂群的生产能力。特别是在主要蜜粉源花期，发生分蜂就会影响蜂蜜、蜂花粉和蜂王浆等产品产量。蜂群在准备分蜂的过程中，当王台封盖以后工蜂就会减少对蜂王饲喂，迫使蜂王卵巢收缩，产卵力下降至停卵。与此同时，蜂群也减少了采集和造脾活动，整个蜂群呈“怠工”状态。蜂群准备分蜂的状态在专业术语中称之为分蜂热。

产生分蜂热的蜂群既影响蜂群的增长，又影响养蜂生产。分蜂发生后，增加了收捕分蜂团的麻烦和分蜂团飞走的风险。中蜂在分蜂季节多群同时分蜂，易导致多群分出的工蜂共结一个分蜂团，养蜂人称之为“乱蜂团”。“乱蜂团”处理非常麻烦，不同蜂群的蜜蜂相互斗杀、蜂王被围杀等损失很大。因此，在养蜂生产上控制蜂群分蜂热是极其重要的管理措施。

一、分蜂热控制

分蜂热控制是指在分蜂热严重发生前，通过蜜蜂饲养管理技术措施将分蜂热控制在不影响蜂群正常发展的状态下。其主要方法是选育良种和通过管理技术控制分蜂热。

（一）选育良种

同一蜂种的不同蜂群控制分蜂的能力有所不同，并且蜂群控制分蜂能力具有遗传性。在蜂群换王过程中，应注意选择能维持强群的、高产的蜂群作为种用群。从这样种用群中移虫培育蜂王和培育雄蜂，多年的积累能够使全场蜂群维持更强的群势。此外，还应注意定期割除分蜂性强的蜂群中的雄蜂封盖子，同时保留能维持强群的、分蜂性弱的蜂群中雄蜂，以此培育出能维持强群的蜂王。

在利用自然王台换王时，切忌随意从早出现的王台中培育蜂王，这些王台往往产生于分蜂性强的蜂群。如果长期如此换王，蜂群的分蜂性将越来越强。蜜蜂交配在空中进行，因此，蜂种的分蜂性受周边蜂场的种性影响很大。选育的良种也应在在周边免费推广，才能促进一个地区内蜜蜂种性共同改良。

（二）控制分蜂热的管理技术

促进分蜂热的因素主要有 3 个方面：①巢外环境内素，外界蜜粉源丰富和天气闷热；②巢内环境因素，蜂巢拥挤、通风不良、巢温过高、粉蜜充塞压缩子脾、供蜂王产卵的巢房不足、缺乏造脾余地等；③蜂群因素是分蜂的内因，包括蜜蜂群势强盛、蜂王老弱释放的蜂王物质少，卵虫数量少、哺育蜂数量多造成哺育力过剩等。此外，分蜂热程度与季节有关，分蜂季节即使群势不是很强，蜂群也普遍发生分蜂热。

控制分蜂热的管理技术就是通过消除促进分蜂热的因素实施的，包括换新蜂王、促王产卵、造脾扩巢、降低巢温、调整群势、生产王浆等技术措施。

1. 换新蜂王 新蜂王释放的蜂王物质多，控制分蜂能力强，有新蜂王的蜂群很少发生分蜂。新蜂王产卵多，幼虫也多，使蜂群具有一定的哺育负担，在蜂群的增长阶段应尽量提早换新王。

2. 调整蜂群 蜂群哺育力过剩是产生分蜂热的主要原因。蜂群在增长阶段保持过强的群势不但对发挥工蜂的哺育力不利，而且还容易促使分蜂，增加管理上的麻烦。在蜂群增长阶段应适当地调整蜂群的群势，以保持最佳群势。蜂群快速增长的最佳群势与蜂种有关，意蜂为 8～10 足框，我国南方中蜂 2～4 足框、中部中蜂 3～5 足框，北部中蜂 4～6 足框。调整群势的方法主要是抽出强群的封盖子脾补给弱群，同时抽出弱群的卵虫脾加到强群中，这样既可减少了强群中的潜在哺育力，又可加速弱群的群势发展。

3. 改善巢内环境 巢内拥挤、闷热也是促使分蜂的重要因素之一。当外界气候稳定，蜂群的群势较强时，就应及时进行扩巢、通风、遮阴、降温，以改善巢内环境。尤其是巢门前有大量的工蜂扇风，表明蜂巢内过热。蜂群应放置在荫凉通风处，不能在太阳下长时间曝晒；适时加脾或加础造脾，增加继箱等扩大蜂巢的空间；开大巢门、扩大脾间蜂路以加强巢内通风；及时喂水并在蜂箱周围喷水降温。

4. 生产蜂王浆 饲养西方蜜蜂，蜂群的群势壮大以后，连续生产蜂王浆，加重蜂群的哺育负担，充分利用蜂群过剩的哺育力，这是抑制分蜂热的有效措施。中蜂一般不生产蜂王浆，不宜用此方法。

5. 提早取蜜 在大流蜜期到来之前，取出巢内的贮蜜，有助于促进蜜蜂采集，减轻分蜂热。当贮蜜与育子发生矛盾时，应取出积压在子脾上的成熟蜂蜜，以扩大卵圈。提早取出的蜂蜜往往不纯，应另置，可用于蜜蜂饲料，不宜混入商品蜂蜜中。

6. 多造新脾 凡是陈旧、雄蜂房多的、不整齐的劣脾，都应及早剔除，以免占据蜂巢的有效产卵空间。同时，充分利用工蜂的泌蜡能力，积极地加础造脾、扩大卵圈，通过加重蜂群的工作负担控制分蜂热。

7. 双王群饲养 双王群能够抑制分蜂热，所维持的群势更强，主要是因为双王群中蜂王物质多和哺育负担重。由于蜂群中有两只蜂王释放蜂王物质，增强了控制分蜂的能力，能够延缓分蜂热的发生。双王群中两只蜂王产卵，幼虫较多，减轻了强群哺育力过剩的压力。

8. 毁弃王台 分蜂王台封盖后，蜂王的腹部开始收缩。蜂群出现分蜂热后，应每隔5～7天定期检查一次，毁弃王台，将王台毁弃在早期阶段。毁台只是应急的临时延缓分蜂的手段，不能从根本上解决问题。如果一味地毁台抑制分蜂，蜂群的分蜂热可能越来越强，最后导致工蜂逼迫蜂王在台中产卵后，就开始分蜂。采用此方法控制分蜂热时，应注意分蜂热强烈的蜂群应及时采取解除分蜂热的技术措施。

9. 蜂王剪翅 在久雨初晴时因来不及检查，或管理疏忽易发生分蜂。应在蜂群出现分蜂征兆时，将老蜂王的一侧前翅剪去70%。剪翅时，可将带蜂王的巢脾提出，左手提巢脾的框耳，巢脾的另一侧搭放在蜂箱上；用右手拇指和食指捏住翅部，将蜂王提起。放下巢脾后再用左手拇指和食指将蜂王的胸部轻轻地捏住，右手拿一把锐利的小剪刀，挑起一边前翅，剪去前

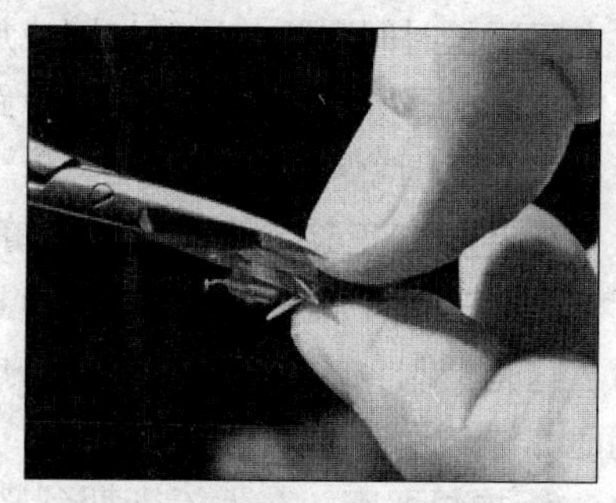

图83 蜂王剪翅

翅面积的2/3（图83）。剪翅操作之前，可先用雄蜂进行练习。

剪翅后的蜂王在分蜂时必跌落于巢前，分出的蜜蜂因没有蜂王不能稳定结团，不久分蜂团就会解散，蜜蜂重返原巢。剪翅蜂王的蜂群分蜂后，须及时在巢前找到蜂王，将蜂王放入囚王笼中，避免蜂王丢失。

二、分蜂热解除

如果控制分蜂热的措施无效，群内王台封盖，蜂王腹部收缩，产卵几乎停止，应根据具体情况，因势利导采取措施。

（一）人工分群

当活框饲养的强群发生强烈的分蜂热以后，人工分群是解除分蜂热的有效措施。在大流蜜前解除分蜂热应尽可能保持强群，可根据不同蜂种采取以下措施。

1. 意蜂分群方法 意蜂分蜂性相对较弱，处理技术相对简单。将原群蜂王和带蜂的成熟封盖子脾、蜜脾各一脾提出，放入空蜂箱中组成新分群，另置。在新分群中加入1张空脾，供蜂王产卵。同时在原群中选留或诱入一个大型、端正、成熟的封盖王台，其余的王台毁尽。流蜜期到来后，原群组织成采蜜群，新分群为副群（图84）。此后，7～9天原群还需要彻底检查和毁弃改

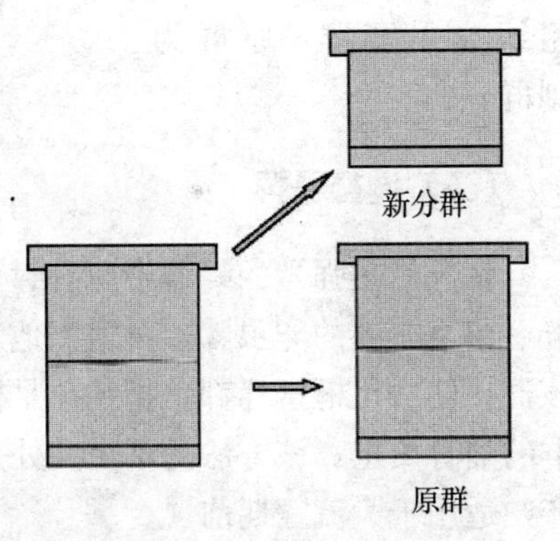

图84 意蜂解除分蜂热的分群方法
新分群放入原群蜂王，封盖子脾、蜜脾和空脾各一张。原群保留成熟王台1个和其余蜂和脾。

造王台。

2. 中蜂分群方法 中蜂的分蜂性较强，当蜂群内的分蜂王台封盖、强烈的分蜂热已形成时，采用毁台的方法不能解决问题。采用上述意蜂的分群方法也不能解除分蜂热，新蜂王出台后仍会发生分蜂。可将原群的蜂王和所有的卵虫脾留下，尽毁巢内王台，加1～2个空脾或巢础框，供蜂王产卵。其余的带蜂巢脾组成新群，选留一个成熟王台（图85）。新分群封盖子多，卵虫少，可组织成采蜜群，原群为副群。

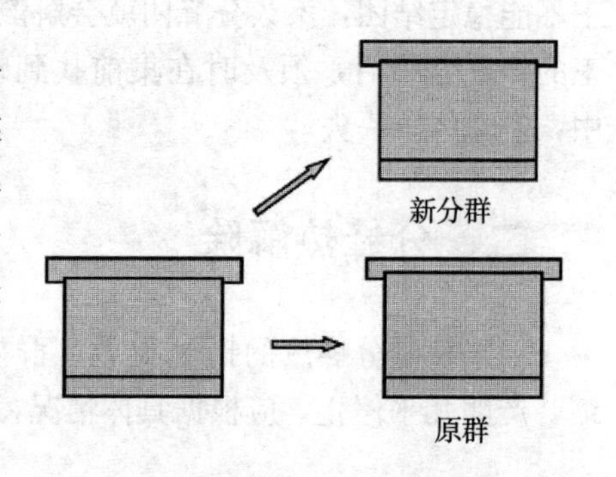

图85 中蜂解除分蜂热的分群方法原群保留蜂王和所有的卵虫脾，尽毁巢内王台，另加1～2个空脾或巢础框。将其余蜂和脾均放入新分群，保留成熟王台1个。

（二）调整子脾

将分蜂热强烈的蜂群中所有封盖子脾全部带蜂提出，补给弱群，留下全部的卵虫脾。再适当地从其他蜂群中抽出卵虫脾加入该群，使每足框蜜蜂都负担约一足框卵虫脾的哺育工作，加重蜂群的哺育负担。该方法的不足之处是哺育负担过重，影响蜂蜜生产，适用于大流蜜期前。

（三）互换箱位

在流蜜初期发生严重分蜂热，可将分蜂热强烈的蜂群与弱群互换箱位，使强群的采集蜂进入弱群。强群失去大量的采集蜂，群势下降，迫使一部分内勤蜂参加采集活动，因而分蜂热消除。

较弱的蜂群补充大量的外勤蜂后，也增强了群势。

（四）空脾取蜜

流蜜期已开始，蜂群中出现比较严重的分蜂热，可将子脾全部提出放入副群中，强群中只加入空脾，使所有工蜂投入到采酿蜂蜜的活动中，以此解除分蜂热。空脾取蜜的不足是后继无蜂，对群势维持有很大影响。这种方法只适用于流蜜期短而流量大，并且距下一个主要蜜源花期还有一段时间的蜜源花期。流蜜期长，或者几个主要花期连续，只可提出卵虫脾，以防严重削弱采蜜群。流蜜期长而进蜜慢，或紧接着就要进入越冬期，不能采取空脾取蜜的方法。

（五）提出蜂王

当大流蜜期即将到来之际，蜂群发生不可抑制的分蜂热，为了确保当季的蜂蜜高产，可采取提出蜂王的方法解除强烈分蜂热。去除蜂王，脱蜂仔细检查王台，将蜂群内所有的封盖王台全部毁弃，保留所有的未封盖王台。在第7天除了选留一个成熟王台之外，将蜂群中其余王台毁尽，且必须毁尽。如果蜂王优质不宜淘汰，可将蜂王和带蜂的子脾、蜜脾各一框提出，另组一群。大流蜜期到来时，由于巢内幼虫的哺育负担轻，蜂群便可大量投入采集活动。流蜜期过后，新王也开始产卵，有助于蜜蜂群势的恢复。

（六）促使分蜂

当个别蜂群发生严重分蜂热时，可以抽出空脾，紧缩蜂巢，同时奖励饲喂，促使蜂群尽早分蜂，以缩短蜂群的怠工时间。分蜂发生后，及时收捕分蜂团。分蜂团另立新群，充分利用分蜂后蜂群的积极性，促使快速增长和快速造脾。以后视需要独立饲养或并入原群进行生产。这种方法适合只有个别分蜂热强烈的蜂群。如果分蜂热强的蜂群过多，此法因分蜂团收捕不及，可能会造成损失。

第二节　盗蜂防止

盗蜂是指进入它群巢中搬取贮蜜的外勤工蜂。盗蜂有时也指蜂场出现一群蜜蜂去抢夺另一群巢内贮蜜的现象。在流蜜末期、外界蜜源缺乏季节或蜂群巢内贮蜜不足等情况下，盗蜂更容易发生。盗蜂一般来说是可以避免的，因为盗蜂的发生多为管理不善。蜂场周围暴露有蜜、蜡、糖、脾，蜂箱破旧、开箱、蜂群饲喂不当等均可能诱发盗蜂。如果发生盗蜂首先受害的是防御较差的弱群，无王群、交尾群和病群。

一、盗蜂识别

进入它群巢内采集贮蜜的蜂群为作盗群，被盗蜂侵扰的蜂群为被盗群。蜂场发生盗蜂，多从被盗群发现。个别身体油光发黑的老工蜂，徘徊于巢门或蜂箱周围，伺机从巢门或蜂箱的缝隙进入巢内，这就是早期的盗蜂，实际上这些黑亮的工蜂是老年的侦察蜂。有的工蜂刚落到巢门板上，守卫工蜂刚接近就马上飞离，这些都是盗蜂发生的初期迹象。蜂箱巢门前秩序混乱，工蜂抱团厮杀，这是盗蜂向被盗群进攻，而被盗群的守卫蜂阻止盗蜂进巢的现象。蜜源泌蜜较少的季节，发现突然进出巢的蜜蜂增多，仔细观察，进巢的蜜蜂腹小而灵活，从巢内钻出的蜜蜂腹部充满膨胀，起飞时先急促地下垂后，再飞向空中，这种现象说明盗蜂自由进出被盗群。

一般来说，只要蜂场之间不是靠得太近，盗蜂多来自本蜂场。在非流蜜期，如果个别蜂群进出巢繁忙，巢门前无厮杀现象，且进巢的蜜蜂腹大，出巢的蜜蜂腹小，该群可能是作盗群。准确判断作盗群可在被盗群的巢门附近撒一些干薯粉或面粉等白色粉末，然后在全场蜂群的巢门前巡视。若发现蜂体上沾有白色粉末的蜜蜂进入蜂箱，即可断定该蜂群就是作盗群。

二、盗蜂预防

蜂场发生盗蜂会给养蜂生产带来很多的麻烦，而且不容易制止。在蜂群的饲养管理过程中，避免盗蜂重在预防。

（一）选择放蜂场地

盗蜂发生最根本的原因是外界蜜源不足。预防盗蜂首先应尽可能选择在蜜蜂活动的季节，蜜粉源丰富且花期连续的场地放蜂。

（二）调整合并

最初被盗的蜂群多数为弱群、无王群、患病群和交尾群等，盗蜂发生后控制不力，就会发展更大规模的盗蜂。在流蜜期末和无蜜源等易发生盗蜂的季节前，进行调整、合并等处理容易被盗群。易盗蜂的季节全场蜂群的群势应均衡，不宜强弱相差悬殊。

a

b

图 86　蜂群防盗装置

a. 巢门防盗器　b. 防意蜂进入中蜂群巢门装置

（三）加强守卫能力

在易发生盗蜂的季节，应适当缩小巢门、紧脾、填补箱缝，使盗蜂不容易进入被盗群的巢内，即使勉强进入巢内也不容易上脾。为了阻止盗蜂从巢门进入巢内，可在巢门上安装巢门防盗装置（图 86a）。防盗蜂装置的原理多为使不是本群的蜜蜂找不到进入蜂巢的巢门。为防意大利蜜蜂盗中蜂，防盗装置根据两种蜜蜂体形大小的差异，只允许体形小的中蜂进入，但该装置对中蜂进出巢有一定的阻碍作用（图 86b）。

（四）避免盗蜂的出巢冲动

促使蜜蜂出巢采集的因素，都能够刺激盗蜂发生。在外界蜜源稀绝时，采集蜂的注意力会转移到其他蜂群的贮蜜上来，因而便产生了盗蜂。在非流蜜期减少蜜蜂出巢活动，有利于防止盗蜂。在蜂群管理中应注意留足饲料，避免阳光直射巢门，非育子期不奖饲蜂群等。蜜、蜡、脾应严格封装，蜂场周围不可暴露糖、蜜、蜡、脾。尤其是饲喂蜂群时更应注意不能把糖液滴到箱外，万一不慎将糖液滴到箱外，也应及时用土掩埋或用水冲洗。

（五）避免吸引盗蜂

蜂箱中散发出来的蜜蜡气味易吸引盗蜂。在易发生盗蜂的季节蜂箱应严密，破损的蜂箱及时修补，箱盖和副盖须盖严。饲养中蜂时为了防止盗蜂，需在箱体外围的上部加钉一圈保护条，盖上箱盖后，使保护条与箱盖严密配合。

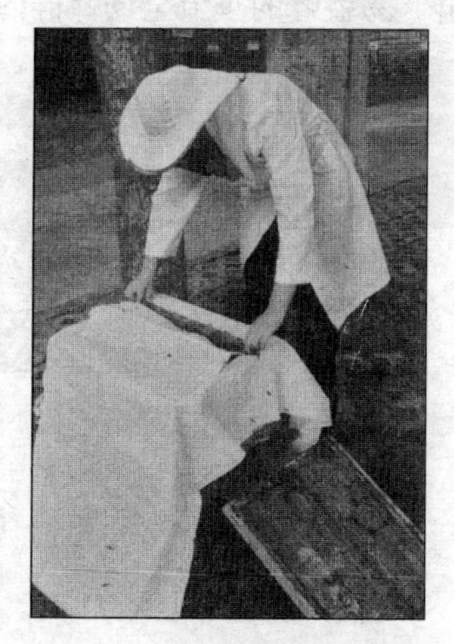

图 87　用防盗布检查蜂群

盗蜂严重的季节白天不宜开箱，尽量选择在清晨或傍晚时进行，以防巢内的蜜脾气味吸引盗蜂。如果需要在蜜蜂活动的时间开箱，可在开箱时罩防盗布检查蜂群（图 87）。

（六）中蜂、意蜂不宜同场饲养

中蜂、意蜂同场饲养，或中蜂、意蜂场距离过近往往容易互盗。中蜂嗅觉灵敏，经常骚扰意蜂，而中蜂无法抵抗意蜂的侵袭，中蜂被盗后常引起逃群。在流蜜期，如果放蜂密度过大，或外界泌蜜量不多，中蜂采集积极，出勤早，在意蜂出勤之前，就将蜜源植物上的花蜜采光，等意蜂大量出巢后，外界已无蜜可采，易发生大规模的意蜂盗中蜂的现象。在选择场地时注意中蜂和意蜂不宜长期共处同一场地，尤其是在蜜源不足的情况下。

三、盗蜂的制止

发生盗蜂后应及时处理，以防发生更大规模的盗蜂。所采取的具体止盗方法，应根据盗蜂发生的程度来确定。

（一）刚发生少量盗蜂

一旦出现少量盗蜂，应立即缩小被盗群和作盗群的巢门。被盗群用乱草虚掩巢门，可以迷惑盗蜂，使盗蜂找不到巢门（图 88）。或者在巢门附近涂柴油、煤油等驱避剂驱赶盗蜂。

（二）单盗的止盗方法

单盗就是一群作盗群的盗蜂，只去一个被盗群搬取蜂蜜的现象。在盗蜂发生的初期，可采用上述的方法处理。如果盗蜂比较严重，上述方法无效，可采取白天临时取出作盗群的蜂王，晚上再把蜂王放回原群，

图 88　巢门前塞茅草止盗

造成作盗蜂群失王不安，减弱其盗性。

（三）一群盗多群的止盗方法

当发生一群蜜蜂盗多群时，制止盗蜂的措施主要是打击作盗群的采集积极性。除了可以暂时取出作盗群蜂王之外，还可以采取更严厉的措施。将作盗群移位，原位放一空蜂箱，箱内放少许的驱避剂，使归巢的盗蜂感到巢内环境突然恶化，使其失去盗性。

（四）多群盗一群的止盗方法

多群盗一群的止盗措施，重点在被盗群。第一种止盗方法是被盗群暂时移位幽闭，原位放置加上继箱的空蜂箱，并把纱盖盖好，可不盖箱盖，巢门反装脱蜂器，使蜜蜂只能进不能出。盗蜂都集中在有光亮的纱盖下面，傍晚放走盗蜂，这种方法 2～3 天就可能止盗，然后再将原群搬回。第二种止盗方法是在被盗群反装脱蜂器后，傍晚将此蜂群迁出 5 千米以外的地方，饲养月余后再搬回。第三种止盗方法是打击盗蜂，将被盗群移位，原位放一个有几张空脾的蜂箱，使盗蜂感觉此箱蜜已盗空，失去再盗此群的兴趣。如果此空箱内放一把艾草或浸有石炭酸的碎布片，对盗蜂产生忌避作用，止盗的效果更好。采用这种方法应注意加强被盗群附近蜂群的管理，以免盗群转而进攻其他蜂群。

（五）多群互盗的止盗方法

蜂场发生盗蜂处理不及时，已开始出现多群互盗，甚至全场普遍盗蜂，可将全场蜂群全部迁到直线距离 5 千米以外的地方。这是止盗最有效的方法，但是迁场要受到很多条件的限制，增加养蜂成本。

此外，还可将全场蜂群的位置做详细的记载，在新蜂闹巢后，场上除了留 2～3 个弱群外，其余搬入暗室。蜂箱的巢门打开，室内门窗遮蔽，只留少许的缝隙以放走盗蜂。盗蜂飞出后投入场上弱群中，傍晚把收集全场盗蜂的蜂群迁往5千米以外的地方。如此连续进行数次便可止盗，然后将蜂群从室内搬出，按原来的箱位排好蜂群。

第三节 巢温调节

在蜂巢内有蜂子的情况下，正常蜂群将努力维持巢温35℃左右，以保证蜂子正常发育。气温偏低时，工蜂常消耗大量的贮蜜产热维持巢内育子区恒温。气温偏高时，蜜蜂大量采水和扇风，消耗能量，缩短寿命。饲养管理过程中采取巢温调节技术措施，对减轻蜂群工作负担，保证蜂子正常发育等非常重要。巢温调节主要在蜂群增长阶段，本节只涉及育子期蜂群巢温调节技术，蜜蜂越冬时的巢温调节见蜂群越冬章节。

一、蜂群保温

蜂群保温必须适度，保温过度比保温不足危害更大。蜂群保温的原则是力保适度，宁冷勿热。在低温季节，适当的群势和蜂脾比是蜂群保温的前提。

（一）箱内保温

在密集群势和缩小蜂路的同时，把巢脾放在蜂箱的中部，其中一侧用闸板封隔，另一侧用隔板隔开，闸板和隔板外侧均用保温物填充。蜂箱内填充的保温物多为农村常见的稻草或谷草，稻草或谷草捆扎成长度能放于蜂箱内为度，直径约80毫米。为了避免隔板向内倾斜，可在蜂箱的前后内壁钉上两枚小钉挡在隔板下方。框梁上盖覆布，在覆布上再加盖上3～4层报纸，把蜜蜂压在框间蜂路中（图89）。盖上铁纱副盖后再加保温垫，保温垫可用棉布、毛毡、草帘等材料制作，大小参照副盖尺寸。巢内外的温差常使蜂箱内潮湿，不利于保温。在气温较低的季节，应在晴暖天气时翻晒箱内外的保温物。

随着环境温度的升高，需要适当减轻保温。先将巢框上梁的覆布撤出，然后逐渐减少隔板外保温物，再撤除闸板外保温物，最后撤除闸板，将巢脾调整到靠一侧箱壁。

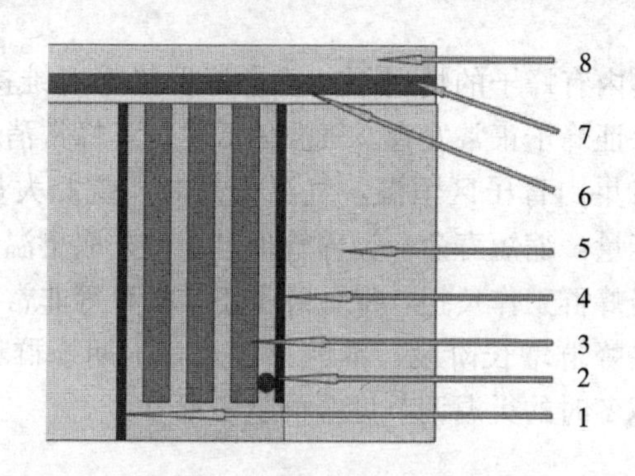

图 89　箱内保温示意图

1. 闸板　2. 固定隔板的铁钉　3. 巢脾　4. 隔板
5. 保温物　6. 覆布和报纸　7. 副盖　8. 保温垫

（二）箱外保温

蜂箱的缝隙和气窗用报纸糊严。放蜂场地清除积雪后，选用无毒的塑料薄膜铺在地上，垫一层 10～15 厘米厚的干稻草或谷草，各蜂箱紧靠一字形排列放在干草上，蜂箱间的缝隙也用干草填满。蜂箱上覆盖草帘，最后用整块的塑料薄膜盖在蜂箱上。箱后的薄膜用土压牢，两侧需包住边上蜂箱的侧面（图 90）。到了傍晚把塑料薄膜向前拉伸，覆盖住整个蜂箱。蜂箱前的塑料薄膜是否需要完全盖严，可根据蜂群的群势和夜间的气温等情况灵活掌握。夜间 5℃以下时，可完全盖严不留气孔。薄膜内易形成小水滴，应注意及时晾晒箱内外的保温物。单箱排列的蜂群外包装，可在蜂箱四周用干草编成的草帘捆扎严实，蜂箱前面应留出巢门（图 91）。箱底也应垫上干草，箱顶用石块将草帘压住。

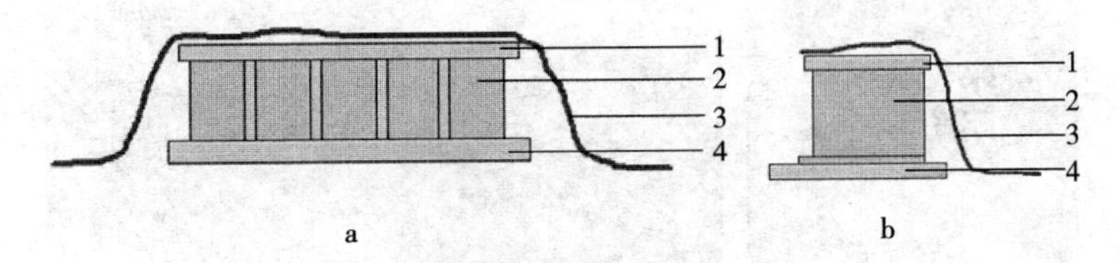

图 90　箱外保温示意图

a. 正面观　b. 侧面观

1. 草帘　2. 蜂箱　3. 塑料薄膜　4. 稻草或谷草

图 91　单箱蜂群保温外包

（三）调节巢门

春季日夜温差大，及时调节巢门在保温上有重要的作用。上午巢门应逐渐放大，下午 15 时以后逐渐缩小。巢门调节以保持工蜂出入不拥挤、不扇风为度。

二、蜂群降温

（一）遮阴防晒

炎热夏季，尤其是在南方，蜂群不可放在太阳下曝晒。应将蜂群放置于阔叶树下、遮阴棚架（图 13）等阴凉处，或在蜂箱上方遮盖干草（图 92a）、遮阴网（图 92b）、石棉瓦（图 92c）等。

a

b

c

图 92 蜂箱遮阴

a. 稻草遮阴 b. 遮阴网遮阴 c. 石棉瓦遮阴

（二）扩大巢门和脾间距

适当扩大巢门有利于巢内排热排湿，同时放宽脾间蜂路距离，以利于巢内空气流通。

（三）饲水

天气炎热干燥时，大量的工蜂外出采水。为了减少蜜蜂采水的劳动消耗，在蜂场采取饲水措施，具体方法见蜂群的饲喂。

第四节 蜂群偏集的预防和处理

蜂群偏集是指部分蜜蜂因认错蜂巢而相对集中进入某一蜂群的现象。由于受环境和人为因素的影响，蜂群出现外勤工蜂偏集的现象时有发生。偏集的结果必然导部分蜂群过强，一部分蜂群削弱。全场蜂群的群势相差悬殊会带很多问题，如偏弱蜂群保温不足，哺育力和饲喂能力下降，易引发盗蜂，偏入强群促使分蜂热等。在蜂群的饲养管理中，应防止蜜蜂偏集。

一、蜂群偏集的原因和特点

蜂群偏集的主要原因是由于外勤工蜂迷巢所致，如场地改变、蜂群排列拥挤、更换蜂箱等。蜂群偏集的特点是，向上风向、地势高处、蜂群飞翔活动中心、蜜源、光亮处、产卵力强的蜂王所在蜂群等方向偏集。

（一）风向偏集

蜜蜂有顶风挺进，偏入上风蜂巢的特性。这一偏集现象无论是在新场地还是在原场地，风力超过3级，偏集就可能发生。上风头的弱群在一定时间后，群势会超过下风头的蜂群。

（二）地势偏集

蜜蜂有向上的特性，放蜂场地高低不一致时，迷巢的蜜蜂常向排放在地势高的蜂箱偏集。

（三）飞翔集中区偏集

蜜蜂是社会性昆虫，有强烈的恋群性。迷巢蜂找不到自己的蜂巢后，就在飞翔比较集中的地方飞舞，经过一段时间，仍找不到原巢便随着较多的蜜蜂一起拥入其他蜂群造成偏集。

（四）场地偏集

如果蜂群放置的环境不同，有的巢门前开阔，蜜蜂飞行路线通畅，有的巢门前有树林、房屋、墙壁等障碍物，蜜蜂往往向巢门前开阔、飞行路线通畅的蜂箱偏集。因此，要保证巢门前开阔，蜜蜂飞行路线通畅。

（五）阳光偏集

蜂群刚进入新场地，打开巢门后蜜蜂容易向太阳方向的蜂群偏集，即上午易向东偏集，下午则向西偏集。

（六）换箱偏集

蜜蜂通过认巢飞行之后，对本群蜂箱的颜色、形状和气味有较强的辨别能力。当突然更换蜂箱，使部分工蜂迷巢，就会偏到邻近的蜂群。更换蜂箱应注意蜂箱外观的相似性。

（七）蜂王与偏集的关系

蜂王产卵力强，蜂王物质多能够吸引蜜蜂偏集，这种现象在双群同箱和无王群中最明显。双群同箱饲养用闸板把一个蜂箱隔堵成两个封闭的小区，每区分别各饲养一群蜜蜂。如果这两群的蜂王产卵力不一致，较差蜂王的蜂群中工蜂就会偏集到蜂王较好的蜂群。无王群的外勤工蜂也常常投入到有王群中。

二、蜜蜂偏集的预防

预防蜂群出现偏集，要针对蜜蜂产生偏集的原因来采取措施。在蜂群的饲养管理中，应注意选择地势平坦、比较开阔、无障碍物的场地摆放蜂群。在蜂群排列时还应注意风向，最好能使巢门背风，蜂箱的排列与风向垂直，并且蜂箱的箱距和排距尽可能加大，尽量避免将蜂箱顺着风向紧密地排成一列。还可考虑将群势较弱的蜂群排列在上风头位置，强群放在下风头。蜂场设置防风屏障，以减轻因风向引起的蜜蜂偏集。

为了加强蜜蜂的认巢能力，可在蜂箱前涂以黄、蓝、红和能反射紫外光的白色（蜜蜂的视觉为青色）标记，上述颜色蜜蜂能明显分辨，并把涂以上述不同颜色的蜂箱间隔排列。蜜蜂认巢除了对本蜂箱的特征进行识别外，还要参照相邻蜂箱的特征。因此，还应注意不同颜色标记的蜂箱排列的顺序不宜相同。

三、蜜蜂偏集的处理

蜂群发生偏集后，可根据具体情况采取下列措施。

1. 早春蜂群搬出越冬室，蜜蜂在排泄飞翔后发生偏集，可以直接把偏多蜂群的蜜蜂调还给偏少的蜂群。调整时，可将带蜂的巢脾提出放入偏少蜂群隔板的外侧，使脾上的蜜蜂自行进入隔板内。

2. 在外界蜜源条件比较好的季节，可以把偏多的蜂群与偏少的蜂群互换箱位，使强群外勤蜂进入弱群。

3. 暂时关闭偏多蜂群的巢门，或在偏多蜂群的巢门前设置障碍，如在巢门前临时挡一块隔板等（图 93）。

图 93　巢门前挡隔板

图 94　两巢门间挡砖头

4. 双群同箱饲养的蜂群，在群势较弱时，正对闸板的位置开一个巢门，让两群工蜂共同出入。如果蜂群出现偏集，可用闸板调节两侧巢门的大小。双群同箱的蜂群强盛后，将两侧的巢门分开，保持一定的距离，中间用砖头或木块隔开（图 94），以防两群工蜂在巢门口聚集，蜂王通过密集的工蜂从巢门进入另一侧蜂巢。若这时蜂群出现偏集，可缩小偏多蜂群的巢门，同时开大偏少蜂群的巢门进行调整。

第五节 工蜂产卵的预防和处理

工蜂是生殖系统发育不完全的雌性蜂，在正常蜂群中工蜂的卵巢受到蜂王物质抑制，一般情况下工蜂不产卵。失王后蜂群内蜂王物质消失，工蜂卵巢开始发育，一定时间后就会产下未受精卵。这些未受精卵在工蜂巢房中发育成个体较小的雄蜂，这对养蜂生产有害无益。如果对工蜂产卵的蜂群不及时进行处理，此群必定灭亡。中蜂失王后比西方蜜蜂更容易出现工蜂产卵，一般只经过3～5天就能发现工蜂产卵。工蜂产卵初期常常也是一房一卵，有的甚至还在台基中产卵，随后呈现一房多卵。工蜂产的卵比较分散、零乱，产卵工蜂因腹部短小，多将卵产在巢房壁上。工蜂产卵的蜂群采蜜能力明显下降，性情较凶暴。出现工蜂产卵的蜂群，在诱入蜂王或合并蜂群处理上有一定的难度。失王越久处理难度越大，故失王应及早发现及时处理。防止工蜂产卵，关键在于防止失王。

一、工蜂产卵的预防

工蜂产卵的唯一原因是失王，预防工蜂产卵需要在蜜蜂饲养管理中防止失王，并对失王蜂群及时发现及时处理。失王的原因主要是养蜂操作不当和蜂群管理失误。

（一）养蜂操作不当

在开箱、取蜜等操作过程中巢脾碰撞箱壁或相邻巢脾，碰伤蜂王。巢脾提得过高，蜂王从脾上落下摔伤。巢脾提出后离开蜂箱上空，蜂王落到箱外。

（二）蜂群管理失误

剪翅蜂王的蜂群发生分蜂，蜂王出巢后落入地面丢失，分蜂团没有蜂王后散团返回原巢，养蜂人没有发现分蜂。在蜂群调整中误将蜂王随脾调出。诱入蜂王失败，且未被发现。

二、工蜂产卵的处理

工蜂产卵的处理方法，可视失王时间长短和工蜂产卵程度，采取诱王、诱台、蜂群合并等。

（一）诱台或诱王

失王后，越早诱王或诱台，越容易被接受。对于工蜂产卵不久的蜂群，应及时诱入一个成熟王台或产卵王。工蜂产卵比较严重的蜂群直接诱王或诱台往往失败，在诱王或诱台前，先将工蜂产卵脾全部撤出，从正常蜂群中抽调卵虫脾，加重工蜂产卵群的哺育负担。一天后再诱入产卵王或成熟王台。

（二）蜂群合并

工蜂产卵初期，如果没有产卵蜂王或成熟台，可按常规方法直接合并或间接合并。工蜂产卵较严重时，可在上午将工蜂产卵群移位 0.5～1.0 米，原位放置一个有王弱群，使工蜂产卵群的外勤蜂返回原巢位，投入弱群中。留在原蜂箱中的工蜂，多为卵巢发育的产卵工蜂，晚上将产卵蜂群中的巢脾脱蜂提出，让留在原箱中的工蜂饥饿一夜，促使其卵巢退化，次日仍由它们自行返回原巢位，然后加脾调整。工蜂产卵超过 20 天以上后，由工蜂产卵发育的雄蜂大量出房，工蜂产卵群应分散合并到其他正常蜂群。

（三）工蜂产卵巢脾的处理

在卵虫脾上灌满蜂蜜、高浓度糖液或用浸泡冷水等方法使脾中的卵虫死亡，然后放到正常蜂群中清理。对于工蜂产卵的封盖子脾，可将其封盖割开后，用摇蜜机将巢房内的虫蛹摇出，然后放入强群中清理。

第四章
蜂群阶段管理

气候变化直接影响蜜蜂的发育和蜂群的生活，同时通过对蜜粉源植物开花的影响，又间接地作用于蜂群的活动和群势的消长。随着一年四季气候周期性的变化，蜜粉源植物的花期和蜂群的内部状况也呈周期性的变化。蜂群阶段管理就是根据不同阶段的外界气候、蜜源条件、蜂群本身的特点以及蜂场经营目的、所饲养蜂种的特性、病敌害消长规律、所掌握的技术手段等，明确蜂群阶段饲养管理的目标和任务，制定并实施阶段蜂群管理方案。

根据周年各养蜂阶段的蜂群和环境特点，可分为增长阶段、蜂蜜生产阶段、越夏阶段、越冬准备阶段和越冬阶段。我国地域辽阔，生态万千，不同地区蜂群管理阶段的先后次序、起始时间均不同。越夏阶段和越冬阶段具有地域特点，如南方蜂群有越夏阶段无越冬阶段，北方蜂群有越冬阶段而无越夏阶段。各地蜂场应按蜂群阶段管理的基本原理，制定蜂群的饲养管理方案。

第一节　春季增长阶段管理

增长阶段最主要的特征是在非大流蜜期蜂群中处于育子状态，此养蜂阶段主要是为蜂蜜等生产进行蜂群准备。增长阶段是周年养蜂最重要的管理阶段，蜂蜜生产阶段的蜂蜜产量以及蜂王浆、蜂花粉等生产均取决于此阶段蜂群的发展。周年养蜂中最典型的增长阶段在春季，通过春季增长阶段的蜂群管理，增加蜂群数量和增强蜜蜂群势。其他增长阶段的管理可参考春季增长管理原则和方法进行。

春季是蜂群周年饲养管理的开端，蜂群春季增长阶段是从蜂群越冬结束、蜂王产卵开始，直到蜂蜜生产阶段开始为止。蜂群春季增长阶段可划分为恢复期和发展期。越冬工蜂经过漫长的越冬期后，生理机能远远不如春季培育的新蜂。蜂王开始产卵后，在新蜂没有出房之前，越冬工蜂就开始加速死亡，蜜蜂群势下降，这是蜂群全年最弱的时期。当新蜂出房后逐渐取代了越冬蜂，蜜蜂群势开始恢复上升。当新蜂完全取代越冬蜂，蜜蜂群势恢复到蜂群越冬结束时的水平，标志着早春恢复期的结束。蜂群恢复期一般需要 40 天左右。蜂群在恢复期因越冬蜂体质差、早春管理不善等，越冬蜂死亡数量一直高于新蜂出房的数量，使蜂群的恢复期延长，甚至蜂群死亡。恢复期蜜蜂群势长时间不能恢复到越冬初期的数量，这种现象养蜂术语称之为“春衰”。蜂群恢复期结束后，群势上升逐渐加速，直到主要蜜源流蜜期前，这段时间为蜂群的发展期。发展后期的蜂群群势壮大，应注意控制分蜂热。春季发展阶段的管理是全年养蜂生产的关键，春季蜂群发展顺利就可能获得高产。

一、春季增长阶段的特点

我国春季虽然南北各地的养蜂环境条件差别很大，但是由于蜂群都处于流蜜期前的恢复和增长状态，无论是蜂群的状况和养蜂管理目标，还是蜂群管理的环境条件均有共同之处。

我国各地蜂群春季增长阶段的条件特点基本相似：早春气温低，时有寒流；蜜蜂群势弱，保温能力和哺育能力不足；蜜粉源条件差，尤其花粉供应不足。随着时间的推移，养蜂条件逐渐好转，天气越来越适宜；蜜粉源越来越丰富，甚至有可能出现粉蜜压子脾现象；蜜蜂群势越来越强，后期易发生分蜂热。

二、管理目标和任务

（一）春季增长阶段的管理目标

为了在有限的蜂群增长阶段培养强群，使蜂群壮年蜂出现的高峰期与主要花期吻合，此阶段的蜂群管理目标是，以最快的速度恢复和发展蜂群。

（二）春季增长阶段的管理任务

根据管理目标，蜂群春季增长阶段的主要任务是克服蜜蜂群势增长的不利因素，创造蜂群快速发展的条件，加速蜜蜂群势的增长和蜂群数量的增加。蜜蜂群势是指蜂群中蜜蜂的个体数量，它决定蜂群生存发展能力和生产能力。

（三）蜂群快速发展所需要的条件和影响蜂群增长的主要因素

蜜蜂群势快速增长必须具备有产卵力强和控制分蜂能力强的优质蜂王、适当的群势、蜜粉源丰富、饲料充足、巢温适宜等条件。

春季增长阶段影响蜜蜂群势增长的主要因素有外界低温和箱内保温不良、保温过度、群势衰弱和哺育力不足、巢脾储备不足影响扩巢以及病敌害、盗蜂、分蜂热等。

三、管理措施

蜂群春季增长阶段管理的一切工作都应围绕着创造蜂群快速增长的条件和克服不利蜜蜂群势增长的因素进行。

（一）选择放蜂场地

蜂群春季增长阶段场地的要求主要有两方面：蜜粉源丰富和

小气候适宜。

1. 蜜粉源丰富 蜂群春季增长阶段初期粉源一定要丰富，中、后期则要蜜粉源同时兼顾。蜂群增长阶段理想的蜜源条件是蜂群的进蜜量等于耗蜜量，也就是蜂箱内的贮蜜不增加也不减少。在养蜂实践中优先选择蜂群贮蜜量缓慢增长的蜜源，如果在贮蜜量缓慢减少的蜜源场地，则需奖励饲喂。

2. 小气候适宜 春季蜂场应选择在干燥、向阳、避风的场所放蜂，最好在蜂场的西和北两个方向有挡风屏障。如果蜂群只能安置在开阔的田野，就需用土墙、篱笆等在蜂箱的西侧和北侧阻挡寒冷的西北风。为蜂群设立挡风屏障是北方春季管理的一项不可忽视的措施。

（二）促使越冬蜂排便飞翔

正常蜜蜂都在巢外飞翔中排便。越冬期间蜜蜂不能出巢活动，消化产生的粪便只能积存在直肠中。如果不及时促使越冬蜂出巢排便，蜂群就会患消化不良引起下痢病，缩短越冬蜂寿命而造成春衰。在蜂群越冬末期的适当时间，必须创造条件让越冬蜂飞翔排便。

1. 确定越冬蜂排便飞翔的时间 排便后的越冬蜂群表现活跃，蜂王产卵量也显著提高。适当的提早排便有利于蜜蜂群势的恢复，但是蜂群排便过早也易造成春衰。越冬蜂排便的时间选择，应根据各地的气候特点来确定。南方冬季气温较高，蜂群没有明显的越冬期，就不存在促蜂排便的问题。随着纬度的北移，春天气温回升推迟，蜂群排便的时间也相应延迟。正常蜂群在第一个蜜源出现前30天促蜂排便最合适。患有下痢病的越冬蜂群，促蜂排便还应再提前20天，并且应在排便后，立即紧脾使蜂群高度密集，一般3足框蜂只放1张巢脾。正常蜂群促蜂排便的时间为：黄河中下游地区1月下旬，内蒙古、华北地区2月上中旬，吉林3月上中旬，黑龙江3月中下旬。

2. 促使越冬蜂排便飞翔的方法 北方在越冬室的越冬蜂群，促飞排便前应先将巢内的死蜂从巢门前掏出。选择向阳避风、温暖干燥的场地，清除放蜂箱场地及其周围的积雪。根据天气预报计划促蜂排便的日期，在阴处气温8℃以上、风力2级以下的晴暖天气，上午10时以前将蜂群巢门关闭后搬出越冬室。为了防止蜜蜂偏集，蜂群可3箱一组排列。搬出越冬室的蜂箱放置好以后，取下箱盖，让阳光晒暖蜂巢，20分钟后再打开巢门。午后15～16时，气温开始下降前及时盖好箱盖。蜂群排便后如果不搬回越冬室，需及时进行箱外保温包装，并在巢前用木板或用厚纸板遮光，以防气温低时蜜蜂受光线刺激飞出箱外而冻僵。

室外越冬的蜂群适应性比较强，在外界气温超过5℃、风力2级以下的晴朗天气，场地向阳、避风、无积雪，即可撤去蜂箱上部和前部的保温物，使阳光直接照射巢门和箱壁，提高巢温，促蜂飞翔排便。长江中下游地区，在大寒前后可选择气温8℃以上无风雨的中午，打开蜂箱饲喂少量蜂蜜，促蜂出巢飞翔。

（三）箱外观察越冬蜂的出巢表现

在越冬蜂排便飞翔的同时，应在箱外注意观察越冬工蜂出巢表现。越冬顺利的蜂群，蜜蜂体色鲜艳，腹部较小，飞翔有力、敏捷，排出的粪便少，常像高粱米粒般大小的一个点，或像线头一样的细条。蜂群越强飞出的蜂越多。蜜蜂体色黯淡，腹部膨大，行动迟缓，排出的粪便多，排便在蜂箱附近，有的蜜蜂甚至就在巢门踏板和蜂箱外壁上排便（图21），这表明蜂群因越冬饲料不良或受潮湿影响患下痢病。蜜蜂从巢门爬出来后，在蜂箱上无秩序地乱爬，用耳朵贴近箱壁，可以听到箱内有混乱的声音，表明该蜂群有可能失王。在绝大多数的蜂群已停止活动情况下，仍有少数蜂群的蜜蜂不断地飞出或爬出巢门，发出不正常的嗡嗡声，同时发现部分蜜蜂在箱底蠕动，并有新的死蜂出现，且死蜂的吻伸出，则表明巢内严重缺蜜。

对于各种不正常蜂群，应及时做好标记。大规模的飞翔排便活动结束后，立刻进行检查。凡是失王或劣王蜂群应尽快直接诱王或直接合并，饥饿缺蜜的蜂群要立即补换蜜脾，若蜜脾结晶可在脾上喷洒温水。

（四）蜂群快速检查

快速检查的主要目的是查明蜂群的贮蜜、群势及蜂王等情况。早春快速检查，一般不必查看全部巢脾。打开箱盖和副盖，根据蜂团的大小、位置等就能大概判断群内的状况。如果蜂群保持自然结团状态，表明该群正常，可不再提脾查看。如果蜂团处于上框梁附近，则说明巢脾中部缺蜜，应将边脾蜜脾调到贴近蜂团的位置，或者插入一张贮备的蜜脾。如果蜂群散团，工蜂显得不安，在蜂箱里到处乱爬，则可能失王，应提脾仔细检查。

因早春能够开箱时间有限，快速检查应注重对全场蜂群的了解，不能只注意已发现问题的处理。快速检查中发现问题，如果不需急救，可把情况先记录下来，继续检查其他蜂群。在蜂群快速检查的同时，也可以做些顺手的事情。例如，将贮备的蜜脾及时调给急需的蜂群，将空脾撤出等。

（五）蜂巢整顿

1. 蜂巢整顿时间　蜂群紧脾时间多在第一个蜜粉源花期前20～30天。紧脾就是将蜂群中的脾抽出，保持脾上的蜜蜂呈密集状态。南方的转地蜂群经过北方越半冬休整后，可在1月初紧脾。在南方定地饲养的蜂群在1月底紧脾，江苏、安徽、山东、河南、河北、陕西关中等地的蜂群2月紧脾，内蒙古、吉林、辽宁等地蜂群3月紧脾，黑龙江4月初紧脾。

2. 蜂巢整顿方法　蜂巢整顿应在晴暖无风的天气进行。先准备好用硫黄熏蒸消毒过的粉蜜脾和清理并用火焰消毒过的蜂箱，用来依次换下越冬蜂箱，以减少疾病发生和控制螨害。火焰消毒蜂箱是将蜂箱内外清理干净后，用煤油喷灯的火焰对蜂箱内表面和边角进行快速烧烤，杀灭病原菌和缝隙中的虫卵。火焰消毒蜂箱以不烤焦箱壁为度。蜂巢整顿操作时将蜂群搬离原位，并在原箱位放上一个清理消毒过的空蜂箱，箱底撒上少许的升华硫，每框蜂用药量为0.5～1.0克，再放入适当数量的巢脾。原箱巢脾提出后将蜜蜂抖入更换箱内的升华硫上，以消灭蜂体上的蜂螨。换下的蜂箱去除蜂箱内的死蜂、下痢、霉点等污物，用煤油喷灯消毒后，再换给下一群蜜蜂。蜂群早春恢复期应蜂多于脾，越弱的蜂群紧脾程度越高，1.5～2.5足框蜂放1张脾，2.5～3.5足框的蜂2张脾，3.5～4.5足框蜂3张脾，4.5～5.5足框放4张脾。蜂路均调整为9～10毫米。2足框以下的较弱蜂群应双群同箱饲养。蜂群在早春高度密集可以使蜂王产卵集中，有利于蜂群对幼虫的哺育饲喂和保温。

早春紧脾后箱内蜂多脾少，巢脾质量以及巢脾中的饲料数量对蜂群的恢复和发展非常重要。紧脾时放入第一批巢脾应选择培育过3～5批蜂子的褐色巢脾，且脾面完整和平整。只放一个巢脾的蜂群，脾上应存有蜂蜜800克以上，花粉0.25足框以上；蜂群中放2张巢脾，其中1张应是粉蜜脾，另1张为半蜜脾；放3个巢脾的蜂群，应有一张全蜜脾和两张有贮粉的半蜜脾。

3. 蜂螨防治　蜂螨对西方蜜蜂危害极大，尤其是在发展后期更为明显。蜂群早春恢复初期是防治蜂螨的最好时机，必须在子脾封盖之前将蜂螨种群数量控制在较低的水平，保证蜂群顺利发展。为了减少蜜蜂吸吮药液，增强抵抗药害能力和促使钻栖于节间膜中的蜂螨接触药液，在治螨前应对蜂群先奖励饲喂，然后用杀螨药剂均匀地喷洒在蜂体上。对于蜂群内少量的封盖子须割开房盖用硫黄熏蒸，因为大量的越冬蜂螨多集中于封盖巢房内进行繁殖。由于全场蜂群开始育子的时间不一，个别蜂群封盖子可能较多。彻底治螨时无论封盖子有多少都不宜保留，一律提出割盖用硫黄熏蒸。

（六）蜂群保温

早春增长阶段的蜂群保温比越冬停卵阶段更重要。春季气温偏低，蜂王产卵后工蜂常消耗大量的饲料产热，维持巢内育子区恒温。蜂群靠密集结团来维持巢温，但由于高度密集限制了产卵圈的扩大，影响蜂群的增长速度。如果蜂群保温不良，则多耗糖饲料、缩短工蜂寿命、幼虫发育不良。特别是当寒流来临时，蜂团紧缩会冻死外围子脾上的蜂子。蜂群保温方法见第三章第三节。此外，还可以参照下列方法进行。

1. 双群同箱和联合饲养 2.0 足框的蜂群紧脾时只能放入一个巢脾，这样的蜂群可用双群同箱饲养来加强保温。在蜂箱的中部用闸板隔开，闸板两侧各放一巢脾，分别各放入一群蜂群，同时加强箱内外保温。当闸板两侧的蜜蜂群势各达到 2.5 足框以上时，再加入一张优质巢脾（图 95）。

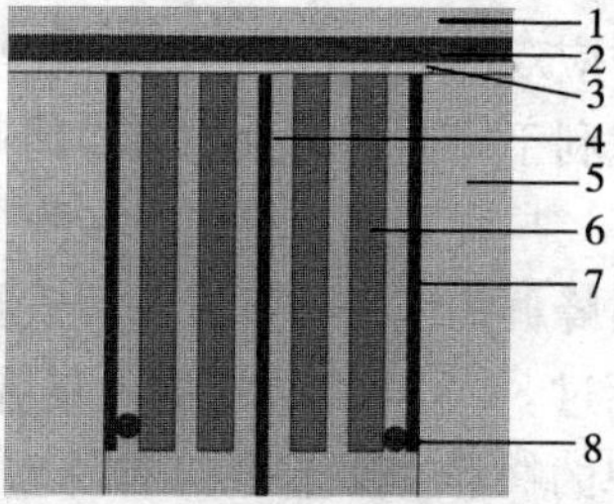

图 95 双群同箱保温示意图
1. 保温垫 2. 副盖 3. 覆布和报纸 4. 闸板 5. 保温物 6. 巢脾 7. 隔板 8. 固定隔板的铁钉

如果蜂场弱群很多，也可以把几个弱群合并为一群，只留一个蜂王产卵。其余的蜂王用王笼囚起来，悬吊在蜂巢中间，到适宜的时候再组织成双王群饲养。还可以用 24 框横卧式蜂箱隔成几个区，放入 3～4 个小蜂群组成多群同箱进行联合饲养（图 96）。

2. 紧脾初期暂不保温 江南早春初期 2～4 足框的蜂群只放一张有粉蜜的巢脾，两侧不放隔板，也不保温。箱内巢脾蜂子已满时再加 1 张半蜜脾，直到蜂群发展到 3～4 框子脾时再进行箱内保温。这种方法的特点是，蜜蜂密集，子脾上的温度适宜，子脾外空间大，温度低，可减少蜜蜂因巢温过高而出巢冻死。

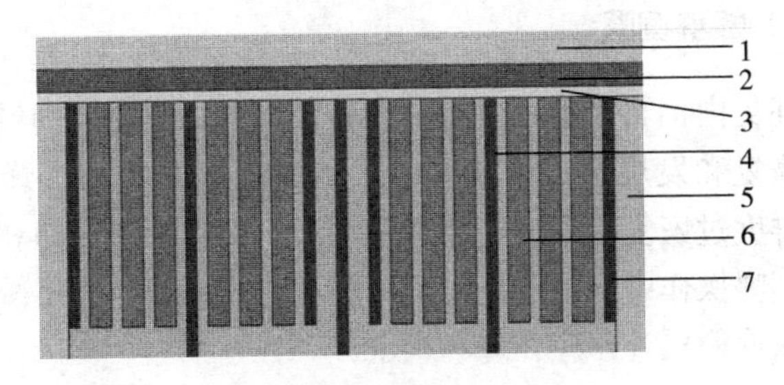

图 96　联合饲养保温示意图

1. 保温垫　2. 副盖　3. 覆布和报纸　4. 闸板

5. 保温物　6. 巢脾　7. 隔板

3. 蜂巢分区　在早春把蜂巢用隔板分成两部分，即供培育蜂子的暖区和贮存饲料及外勤蜂栖息的冷区。早春把蜂子限制在3～4个巢脾的暖区里，可使蜜蜂集中产热，充分地利用这些巢脾，增加培育蜂子的总数，并为幼蜂和外勤蜂创造不同的巢温条件（图 97）。外界气温低时，冷区的蜜蜂自行调节到暖区，巢温升高后，部分外勤蜂将疏散到冷区。中蜂盗性较强，不宜采用此法。

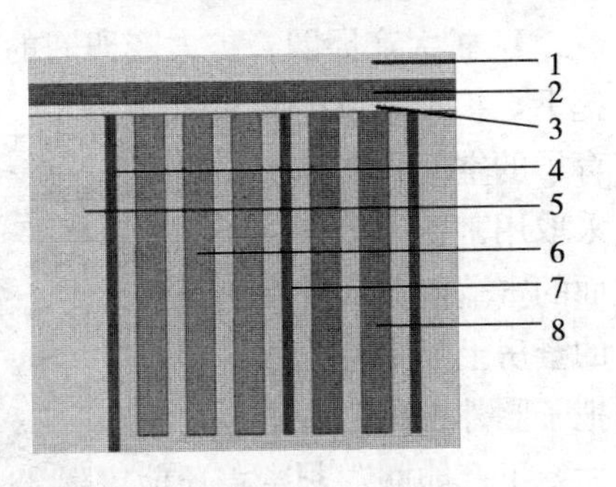

图 97　蜂巢分区示意图

1. 保温垫　2. 副盖　3. 覆布和报纸

4. 闸板　5. 保温物　6. 暖区巢脾

7. 隔板　8. 冷区巢脾

（七）蜂群全面检查

蜂群经过调整后，天气稳定，选择 14℃以上晴暖无风的天气，进行蜂群全面检查，对全场蜂群详细摸底。蜂群全面检查最好是在外界有蜜粉源时进行，以减少发生盗蜂。全面检查应作详细的记录，及时填好蜂群检查记录表。在蜂群全面检查时，还应根据蜂群的群势增减巢脾，并清理巢脾框梁上和箱底的污物。

（八）蜂群饲喂

保证巢内饲料充足，及时补充粉蜜饲料，避免因饲料不足对蜂群的恢复和发展造成影响。为了刺激蜂王产卵和工蜂哺育幼虫，蜂群度过恢复期后应连续奖励饲喂，促进蜂王产卵和工蜂育子。在饲喂操作中，须避免粉蜜压脾和防止盗蜂。为了减少蜜蜂低温采水冻僵巢外，应在蜂场饲水。

（九）适时扩大产卵圈和加脾扩巢

适时加脾扩大卵圈，是春季增长阶段养蜂的关键技术之一。加脾扩巢过早，寒流侵袭蜂团收缩，冻死外圈子脾上蜂子；加脾扩巢过迟，蜂王产卵受限，影响蜂群的增长速度。蜂群加脾扩巢可能影响蜂群保温。早春气温较低，群势偏弱，蜂群扩巢应慎重。蜂群恢复期不加脾扩巢。

1. 扩大产卵圈 扩大产卵圈的措施是不增加巢内空间的前提下，扩大蜂王产卵和蜂群育子的空间。初期扩巢可先采取用割蜜刀分期将子圈上面的蜜盖割开，并在割盖后的蜜房上喷少许温水，促蜂把子圈外围的贮蜜消耗，扩大蜂王产卵圈。割蜜盖还能起到奖饲的作用。蜜压子脾还可将子脾上的蜂蜜取出来扩大卵圈。

图 98　子脾偏集巢脾的前部

蜂箱前部朝向阳光、巢温较高，弱群蜂王产卵常偏集在巢脾的前部（图 98），可将子脾间隔地调头扩巢。蜂箱中巢脾间子房隔蜂路与蜜房相对，破坏了子圈完整，蜜蜂会将子房相对的巢房中贮蜜清空，提供蜂王产卵，以促使子圈扩大到整个巢脾。子脾调头时应结合切除蜜盖，并应在蜂脾相称或蜂多于脾的情况下进行，避免低温季节调头扩大产卵圈后使蜂子受冻。还可将小子脾调到大子脾中间供蜂王产卵。

2. 加脾扩巢　采取上述措施后，蜂子又已基本满脾，就可以加脾扩巢。蜂群加脾应同时具备三个条件：一是巢内所有巢脾的子圈已满，蜂王产卵受限；二是群势密集，加脾后仍能保证护脾能力；三是扩大卵圈后蜂群哺育力足够。

初期空脾多加在子脾的外侧。加脾后如果寒流来袭，蜂团紧缩，冻伤蜂卵损失较小。气温稳定回升，蜜蜂群势较强可将空脾直接插入蜂巢中间，有利于蜂王在此脾更快产卵。

蜂群春季管理的蜂脾关系一般为先紧后松，也就是早春蜂多于脾。随着外界气候的回暖，蜜源增多，群势壮大，蜂脾关系逐渐转向蜂脾相称，最后脾略多于蜂。具体加脾还应根据当地气候、蜜源以及蜂群等条件灵活掌握。巢内所有的巢脾子圈扩展到巢脾底部，封盖子开始出房，即可加脾。加脾时应选择蜂场中保存最好的巢脾先加入蜂群。蜂群发展到5～7足框时，可淘汰旧脾加础造脾。外界气候稳定，蜜粉源逐渐丰富，新蜂大量出房，则可加快加脾速度，但每个巢脾的平均蜂量至少应保持在70%以上。加脾时应将过高的巢房适当地切割，保持巢房深度为10～12毫米，以利于蜂王产卵。

3. 加继箱扩巢　当蜂群内的巢脾数量达到9张时，标志着蜂群进入幼蜂积累期，此时暂缓加脾。箱内的巢脾已能满足蜂王产卵的需要，蜂群逐渐密集到蜂脾相称时，再进行育王、分群、产浆、强弱互补和加继箱组织采蜜群等措施。

全场蜂群都发展到满箱时，就需要叠加继箱来扩巢。单箱饲养的蜂群加继箱后，巢内空间突然增加一倍。在气温不稳定的季节，加继箱对蜂群保温不利，同时也增加了饲料消耗。但是，不加继箱时蜂巢拥挤容易促使蜂群产生分蜂热。可采取分批上继箱解决这一矛盾。先调整一部分蜂群上继箱，从巢箱中抽调5～6个新封盖子脾、幼虫脾和多余的粉蜜脾到继箱上，巢箱内再加入空脾或巢础框，供造脾和产卵。巢箱和继箱之间加平面隔王栅，将蜂王限制在巢箱中产卵。再从暂不加继箱的蜂群中，带蜂抽调1～2张老熟封盖子脾加入到邻近的巢箱中。不加继箱的蜂群也加入空脾或巢础框供蜂产卵。加继箱蜂群巢箱和继箱的巢脾数应大体一致，均放在蜂箱中的同一侧，并根据气候条件在巢箱和继箱的隔板外侧酌加保温物。待蜜蜂群势再次发展起来后，从继箱强群中抽出老熟封盖子脾，帮助单箱群上继箱。加继箱巢脾提入继箱时，谨防蜂王误提到继箱。

加继箱后，子脾从巢箱提到相对无王的继箱，子脾上的卵或3日龄以内的小幼虫房常被改造成王台。改造王台培育出来的蜂王体型较小，容易通过隔王栅进入巢箱，杀死产卵王。子脾从巢箱提入继箱之后，一定要在7～9天彻底地检查和毁弃改造王台。

（十）蜂群强弱互补

为了促使产卵迟的蜂群尽快育子，可从已产卵的蜂群中抽出卵虫脾加入到未产卵的蜂群。既能充分利用未产卵蜂群的哺育力，又能刺激蜂王开始产卵。

早春气温低，弱群因保温和哺育能力不足，产卵圈扩大有限，宜将弱群的卵虫脾适当调整到强群，另加入空脾供蜂王产卵。从较强蜂群中调整正在羽化出房的封盖子脾给弱群，以加强弱群的群势。强弱互补可减轻弱群的哺育负担，迅速加强弱群的群势，又可充分利用强群的哺育力，抑制强群分蜂热。春季蜂群增长阶段西方蜜蜂尽可能保持8～10足框最佳增长群势。蜜蜂群势低于8足框，不宜抽出封盖子脾补充弱群。

（十一）提早育王、及时分群

提早育王、及时分群对提高蜂王的产卵力，培养和维持强群，增加蜂群的数量，扩大养蜂生产规模，增加经济效益均有着重要的意义。为保持全场蜂群的遗传多样性，大批换王需要母群（育王移虫或取自然王台的蜂群）10 群以上。

越冬后的蜂王多为前一年春季增长阶段培育的，不及时换王可能影响蜜蜂群势的快速增长和维持强群。人工育王时间受气候影响各地有所不同，多在全场蜂群普遍发展到 6～8 足框时进行。提早育王的时间至少需见到雄蜂出房。春季第一次育王时蜜蜂群势普遍不强，为保证培育蜂王的质量和数量，人工育王应分 2～3 批。

春季增长阶段进行人工分群，应在保证采蜜群组织的前提下进行。根据蜜蜂群势和距离主要蜜源泌蜜的时间，相应采取单群平分、混合分群、组织主副群、补强交尾群和弱群等方法，增加蜂群数量。

（十二）控制分蜂热

春季蜂群增长阶段的中后期，群势迅速壮大。当蜂群达到一定的群势时，就会产生分蜂热。出现分蜂热的蜂群既影响蜂群的发展，又影响生产。因此，在增长阶段中、后期应注意采取措施控制分蜂热。控制分蜂热的措施参见第三章第一节。

第二节　蜂蜜生产阶段管理

一年四季主要蜜源（指能够生产商品蜂蜜的蜜源植物）的流蜜期有限，适时大量地培养与大流蜜期相吻合的适龄采集蜂，是蜂蜜高产所必需的。

一、蜂蜜生产阶段的特点

蜂蜜生产阶段总体上气候适宜、蜜粉源丰富、蜜蜂群势强盛，是周年养蜂环境最好的阶段，但也常受到不良天气和其他不利因素的影响而使蜂蜜减产，如低温、阴雨、干旱、洪涝、大风、冰雹，蜜源长势、大小年、病虫害以及农药危害等。蜂蜜生产阶段可分为初期、盛期和后期，不同时期养蜂条件的特点也有所不同。蜂蜜生产阶段初、盛期蜜蜂群势达到最高峰，蜂场普遍存在不同程度分蜂热，天气闷热和泌蜜量不大时，常发生自然分蜂。蜂蜜生产阶段的中、后期因采进的蜂蜜挤占育子巢房影响蜂王产卵，甚至人为限卵，巢内蜂子锐减。高强度的采集使工蜂老化，寿命缩短，群势大幅度下降。在流蜜期较长或几个主要蜜源花期连续或蜜源场地缺少花粉的情况下，蜜蜂群势下降的问题更突出。流蜜后期蜜蜂采集积极性和主要蜜源泌蜜减少或枯竭的矛盾，导致盗蜂严重。尤其在人为不当采收蜂蜜的情况下，更加剧了盗蜂的程度。

二、蜂蜜生产阶段管理目标和任务

（一）蜂蜜生产阶段管理目标

蜂蜜生产阶段的蜂群管理目标是，力求始终保持蜂群旺盛的采集能力和积极工作状态，以获得蜂蜜等蜂产品的高产、稳产。

（二）蜂蜜生产阶段管理任务

根据蜂群在蜂蜜生产阶段的管理目标和阶段的养蜂条件特点，该阶段的管理任务可确定为：

1. 组织和维持强群，控制分蜂热。

2. 中后期保持群势，为蜂蜜生产阶段结束后的蜂群恢复和发展，或进行下一个流蜜期生产打下蜂群基础。

3. 此阶段是周年养蜂条件最好的季节，蜂群周年饲养管理中需要在强群条件和蜜粉源丰富季节完成的工作，也应在此阶段进行，所以在采蜜的同时还需兼顾产浆、脱粉、育王等工作。

三、适龄采集蜂培育

蜂蜜是外勤工蜂采集的花蜜酿造而成的，外勤工蜂的数量就决定了蜂蜜的产量。工蜂在蜂群中，所担负的职责一般来说都是按照日龄分工的。适龄采集蜂多是羽化出房后20日龄以后的壮年工蜂。如果蜂群中幼青蜂比例过大，即使蜜蜂群势很强，也可能会因适龄采集蜂不足不能获得蜂蜜高产。如果蜂群中适龄采集蜂的高峰期出现在主要蜜源花期结束，不但蜂蜜不能高产，而且还要多消耗巢内贮蜜。

适龄采集蜂是指特定日龄段的工蜂，特点是采蜜能力最强。适龄采集蜂的日龄范围还不完全清楚，根据工蜂发育和担任外勤采集活动的工蜂日龄估计，培养适龄采集蜂应从主要蜜源花期开始前45天到蜜源花期结束前40天促王产卵。在养蜂实践中，蜂群停卵在流蜜期结束前30天。推迟10天断子主要是因为蜂蜜生产阶段蜂群采蜜同样需要一定比例的内勤蜂，且有利于在蜂蜜生产阶段结束后，维持蜂群一定的群势。适龄采集蜂的培育技术应属于蜂群增长阶段管理的范畴，可参考上一节有关内容。

四、采蜜群组织

蜂蜜高产的三个主要因素是蜜源丰富、天气良好和蜂群强盛。在能控制分蜂的前提下，有大量适龄采集蜂的强群是蜂蜜高产的基础。各国蜂种和饲养方式不同，蜂蜜生产阶段强群的标准也有所不同，美国、加拿大、澳大利亚等国家多采用多箱体养蜂，20足框以上为强群。我国多采用继箱取蜜，群势达到12～15足框为强群。虽然总的蜂量相同，但每群8足框蜜蜂的意蜂2群，在主要蜜源花期的总采蜜量，远不如每群16足框的意蜂1群。强群调节巢内温度和湿度能力强，有利于蜂蜜浓缩和酿造。

因此，所生产的蜂蜜成熟快、质量好。群势强弱悬殊的蜂群，在流蜜量不大的蜂蜜生产阶段，很可能出现强群可以适当取蜜，而弱群却需补助饲喂。因此，在主要蜜源花期之前必须培养和组织强大的采蜜群。在流蜜期中还应采取维持强群的措施，以增强蜂蜜生产阶段中、后期蜂群的采集后劲。

中蜂采蜜群同样也是在能控制分蜂的前提下，培养和组织的群势越强产蜜量越高。但是中蜂分蜂性强，不易维持强群，群势过大容易产生分蜂热。因此，中蜂群势过强，蜂蜜产量不一定高。各地中蜂所能维持的群势有所不同，南方的中蜂所能维持的群势比北方弱。一般来说，中蜂采蜜群在海南、广东、闽南等地 4～5 足框，我国中部地区 5～8 足框，北方 8～10 足框为宜。

在养蜂生产中，由于种种原因很难做到在主要蜜源花期到来之前，全场的蜂群全部都能培养成强大的采蜜群。我们应根据蜂群、蜜源等特点，采取不同的措施，组织成强大的采蜜群，迎接蜂蜜生产阶段的到来。组织意蜂采蜜群，可以采取下述方法。

（一）加继箱组织采蜜群

在大流蜜期开始前 30 天，将蜂数达 8～9 足框、子脾数达 7～8 框的意大利蜜蜂单箱群添加第一继箱。从巢箱内提出 2～3 个带蜂的封盖子脾和 1～2 框蜜脾放入继箱。从巢箱提脾到继箱前，应先在巢箱中找到蜂王，以避免将蜂王误提入继箱。巢箱内加入 2 张空脾或巢础框供蜂王产卵。巢箱与继箱之间加隔王栅，将蜂王限制在巢箱产卵。继箱上的子脾应集中在两蜜脾之间，外夹隔板，天气较冷还需进行箱内保温。提上继箱的子脾应在第 7～9 天彻底检查一次，毁除改造王台。其后，应视群势发展情况陆续将封盖子脾调整到继箱，巢箱加入空脾或巢础框。如果蜂王产卵力强，蜜粉源条件好，管理措施得当，这样的蜂群到主要流蜜期开始就可以成为强大的采蜜群。

（二）蜂群调整组织采蜜群

在蜂群增长阶段中后期，通过群势发展的预测分析，估计到蜂蜜生产阶段蜜蜂群势达不到采蜜生产群的要求，可根据距离主要蜜源花期的时间来采取调入卵虫脾、封盖子脾等措施。

1. 调入卵虫脾组织采蜜群 主要蜜源花期前30天左右，可以从副群中抽出卵虫脾补充主群，这些卵虫脾经过12天发育就开始陆续羽化出房，这些新蜂到蜂蜜生产阶段便可逐渐成为适龄采集蜂。补充卵虫脾的数量要与该群的哺育力和保温能力相适应，必要时可分批加入卵虫脾。

2. 调入封盖子脾组织采蜜群 距离蜂蜜生产阶段20天左右，可以把副群或特强蜂群中的封盖子脾补给近满箱的中等蜂群。补充的封盖子脾12天内可全部出房，蜂蜜生产阶段开始后将逐渐成为适龄采集蜂。由于封盖子脾不需饲喂，只要保温能力足够，封盖子脾可一次补足。

3. 调入正在出房的老熟封盖子脾组织采蜜群 蜂蜜生产阶段前10天左右，采蜜群的群势仍不足，可补充正在出房的老熟封盖子脾，3～4天内此封盖子脾部分羽化成幼蜂，这些蜜蜂虽然在流蜜初期只能加强内勤蜂酿造蜂蜜的力量，但可成为蜂蜜生产阶段中、后期的采集主力。

4. 补充采集蜂组织采蜜群 蜂蜜生产阶段开始未达到采蜜群势的蜂群，或在流蜜中、后期群势下降的采蜜群，在气候稳定的情况下可以用外勤蜂加强采蜜主群的群势。流蜜期前以新王或优良蜂王的强群为主群，另配一个相对较弱群势的副群放置在主群旁边。到流蜜盛期把副群移开，使副群的外勤采集蜂投入主群，然后主群按群势适当加脾，以此加强群的采集力（图99）。移开的副群因外勤蜂多数都投向主群，不会出现蜜压子脾的现象，蜂王可以充分产卵，又因哺育蜂并没有削弱，所以不会影响蜂群的发展。这样可以为下一个蜜源或蜂群的越冬越夏创造良好的条件。

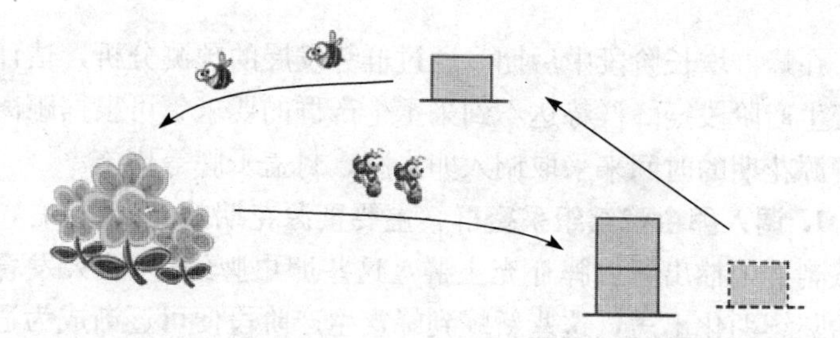

图 99 蜂箱移位后副群的采集蜂投入采蜜主群

（三）合并蜂群组织采蜜群

距离蜂蜜生产阶段 15～20 天，可将两个中等群势的蜂群合并，组织成强盛的采蜜群。合并时，应以蜂王质量好的一群作为采蜜主群。将另一群的蜂王淘汰，所有蜜蜂和子脾均调整到主群；也可以将蜂王连带 1～2 框卵虫脾和粉蜜脾带蜂提出，另组副群，其余的蜂和脾并入采蜜群。

五、采蜜群管理

主要蜜源花期蜂群管理，还应根据不同蜜源植物的泌蜜特点以及花期的气候和蜂群的状况采取具体措施。大流蜜期蜂群一般的管理原则是：维持强群，控制分蜂热，保持蜂群旺盛的采集积极性；减轻巢内负担，加强采蜜力量，创造蜂群良好的采酿蜜环境；努力提高蜂蜜的质量和产量。此外，还应兼顾流蜜期后的下一个阶段蜂群管理。

（一）处理采蜜与繁殖的矛盾

在蜂蜜生产阶段后期或蜜源花期结束时往往后继无蜂，直接影响下一个阶段的蜂群的恢复发展、生产，影响蜂群越夏或越冬。如果蜂蜜生产阶段采取加强蜂群发展的措施，又会造成蜂群中蜂子培育负担过重，影响蜂蜜生产。在蜂蜜生产阶段，蜂群的发展和蜂蜜生产是一对矛盾。解决这一矛盾可采取主副群的组织和管理，即组织群势强的主群生产蜂蜜和群势较弱的副群恢复和发展蜂群。在蜂蜜生产阶段一般来用强群、新王群、单王群取蜜，弱群、老王群、双王群恢复和发展蜂群。

（二）适当限王产卵

蜂王所产下的卵约需 40 天才能发育为适龄采集蜂，在一般的主要蜜源花期中培育的卵虫，对该蜜源的采集作用很小，而且还要消耗饲料，加重巢内工作的负担，影响蜂蜜产量。应根据主要蜜源花期的长短和前后主要蜜源花期的间隔来适当地控制蜂王产卵。

在短促而丰富的蜜源花期，距下一个主要蜜源花期或越夏越冬期还有一段时间，就可以用框式隔王栅和平面隔王栅将蜂王限制在巢箱中仅 2～3 张脾的小区内产卵，也可以用蜂王产卵控制器限制蜂王。如果主要蜜源花期长，或距下一个主要蜜源花期时间很近，在进行蜂蜜生产的同时，还应为蜂王产卵提供条件，兼顾蜂群增长，或由副群中抽出封盖子脾，来加强主群的后继力量。长途转地的蜂群连续采蜜则须边采蜜边育子，以持续保持采蜜群的群势。

（三）断子取蜜

流蜜量大的蜜源花期，可在蜂蜜生产阶段开始前 10 天，去除采蜜群蜂王，或带蜂提出 1～2 脾卵虫粉蜜和蜂王另组小群。给去除蜂王的蜂群诱入一个成熟王台。也可以在蜂蜜生产阶段开始前 20 天采取囚王断子的方法，将蜂王关进囚王笼中放在蜂群，在流蜜后期释放蜂王。这样处理可在流蜜期减轻巢内的哺育负担，使蜂群集中采蜜；而流蜜后期蜂王交尾成功，蜂群便有一个产卵力旺盛的新蜂王，有利于蜂群流蜜期后群势的恢复。断子期不宜过长，一般为20～25天。断子后，蜂王重新产卵前至子脾未封盖前，抓住巢内无封盖子时机及时治螨。

（四）调出卵虫脾

蜂蜜生产阶段采蜜主群的卵虫脾过多，可将一部分的卵虫脾抽出放到副群中培育，还可根据情况同时从副群中抽出老熟封盖子脾补充给采蜜主群，以此增加蜂蜜的产量。

（五）调整蜂路

流蜜期时采蜜群的育子区蜂路仍保持8～10毫米。贮蜜区为了加强巢内通风，促使蜂蜜浓缩和使蜜脾巢房加高，多贮蜂蜜，便于切割蜜盖，巢脾之间的蜂路应逐渐放宽到15毫米即每个郎氏蜂箱的继箱内只放8个巢脾。

（六）及时扩巢

流蜜期及时扩巢是蜂蜜生产的重要措施，尤其是在泌蜜丰富的蜜源花期。流蜜期间蜂巢内空巢脾能够刺激工蜂的采蜜积极性。及时扩巢增加巢内贮蜜空脾，保证工蜂有足够贮蜜的位置是十分必要的。蜂蜜生产阶段采蜜群应及时加足贮蜜空脾。若空脾贮备不足，也可适当加入巢础框。但是在蜂蜜生产阶段造脾，会明显影响蜂蜜的产量。

扩大蜂巢应根据蜜源泌蜜量和蜂群的采蜜能力来增加继箱。采蜜群每天进蜜2千克，应6～7天加一个标准继箱；每天进蜜3千克，4～5天加一个标准继箱；每天进蜜5千克，2～3天加一个继箱。在一些养蜂发达的国家，很多养蜂者使用浅继箱贮蜜。浅继箱的高度大约是标准继箱的1/2～2/3。浅继箱贮蜜的特点是贮蜜集中、蜂蜜成熟快、封盖快，尤其在流蜜后期能避免蜜源泌蜜突然中断时贮蜜分散。浅继箱贮蜜有利于机械化取蜜，割蜜盖相对容易；由于浅继箱体积小，贮蜜后重量轻，可以减轻养蜂者的劳动强度。我国生产分离蜜的蜂场很少使用浅继箱，这与我国目前的养蜂生产方式有关。如果要严格区分育子区和贮蜜区，只采收贮蜜区成熟蜂蜜，提高蜂蜜产量，就需要使用浅继箱。

新添加的贮蜜空脾继箱通常加在育子巢箱的上面，也就是继箱的最下层，以减少采蜜蜂在箱内爬行距离。当第一继箱已贮蜜80%时，可在巢箱上增加第二空脾继箱；当第二继箱的蜂蜜又贮至80%时，第一继箱就可以脱蜂取蜜了。取出蜂蜜后可再把此继箱加在巢箱之上。也可在最下层贮蜜继箱蜂蜜贮至80%时，继续添加空脾继箱，待蜂蜜生产阶段结束再集中取蜜（图100）。

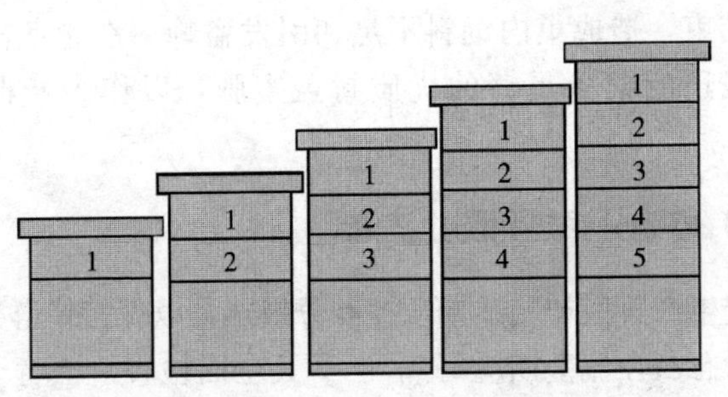

图100　蜂蜜生产阶段加贮蜜继箱方法

（七）加强通风和遮阴

花蜜采集归巢后，工蜂在酿造蜂蜜的过程中需要使花蜜中水分蒸发。为了加速蜂蜜浓缩成熟，应加强蜂箱内的通风。蜂蜜生产阶段将巢门开放到最大限度，揭去纱盖上的覆布，放大蜂路等。同时蜂箱放置的位置也应选择在荫凉通风处。

在夏秋季节的蜂蜜生产阶段应加强蜂群遮阴。阳光暴晒下的蜂群中午箱盖下的温度常超过蜂巢的正常温度范围，迫使许多工蜂大量采水，在巢门口或箱壁上扇风，降低了采蜜出勤率，甚至蜂群采水降温比采蜜所花费的时间更多。

（八）取蜜原则

提倡一个流蜜期只采收一次成熟蜜。提高我国蜂蜜质量，降低养蜂劳动强度，扩大养蜂规模，这是我国养蜂生产发展的根本出路。在技术发展过程中的现阶段，可将蜂蜜生产阶段的取蜜原则定为：初期早取、盛期取尽、后期稳取。

流蜜初期尽早取蜜能够刺激蜂群采蜜的积极性，也有利于抑制分蜂热，第一次取出的蜂蜜不宜混入商品蜜中，需另置以备饲喂蜂群。流蜜盛期应及时全部取出贮蜜区的成熟蜜，但是应适当保留育子区的贮蜜，以防天气突然变化，出现蜂群“拔子”现象。流蜜后期要稳取，不能所有蜜脾都取尽，以防流蜜期突然结束，造成巢内饲料不足和引发盗蜂。在越冬前的蜂蜜生产阶段还应贮备足够的优质封盖蜜脾，以作为蜂群的越冬饲料。

（九）控制分蜂热和防止盗蜂

蜂蜜生产阶段初、盛期应控制分蜂热，以保持蜂群处于积极的工作状态。在流蜜期应每隔5～7天全面检查一次育子区，力图将王台和台基全部毁除。如果在蜂蜜生产阶段需要兼顾群势增长的蜂群，还需把育子区中被蜂蜜占满的巢脾提到贮蜜区。在育子区另加空脾供蜂王产卵。

蜂蜜生产阶段后期流蜜量减少，而蜂群的采集冲动仍很强烈，使蜂群的盗性增强。在流蜜后期应留足饲料、填塞箱缝、缩小巢门、调整蜂群、合并无王群。此外减少开箱，慎重取蜜。

（十）蜜源花期前防治病治螨

蜂蜜生产阶段不能在蜂箱中用各类药物治病治螨，应杜绝蜂蜜中抗生素及治螨药物的污染。蜂蜜生产阶段前在蜂群中使用药物，在摇取商品蜂蜜前必须清空巢内贮蜜，以防残留的药物混入商品蜂蜜中。

第三节　南方蜂群夏秋停卵阶段管理

夏末秋初是我国南方各省周年养蜂最困难的阶段，越夏后一般蜂群的群势下降约50%。如果管理不善，此阶段结束后易造成养蜂失败。

一、夏秋停卵阶段的特点

我国南方气候炎热、粉蜜枯竭、敌害严重。南方蜂群夏秋困难最主要的原因是外界蜜粉源枯竭。蜂群生存和发展必然要受外界蜜粉源条件和巢内饲料贮存所限。许多依赖粉蜜为食的胡蜂，在此阶段由于粉蜜源不足而转入危害蜜蜂。

我国江南地区7～9月长时间持续高温，外界蜜粉缺乏，敌害猖獗，蜂群减少活动，蜂王产卵减少甚至停卵。新蜂出房少，老蜂的比例逐渐增大，群势也逐日下降。由于群势小，调节巢温能力弱，常常巢温过高，致使蜂子发育不良，造成蜂卵干枯，虫蛹死亡，幼蜂卷翅。

二、夏秋停卵阶段管理目标和任务

蜂群夏秋停卵阶段的管理目标是减少蜂群消耗，保存实力，为秋季蜂群的恢复和发展打下良好的基础。

蜂群夏秋停卵阶段的管理任务是创造良好的越夏条件，减少对蜂群的干扰，防除敌害。蜂群所需要越夏的条件包括荫凉通风、蜂群粉蜜充足和保证饲水。减少干扰就是将蜂群放置在安静的场所，避开人畜活动的区域，减少开箱。防除敌害的重点主要是胡蜂，越夏蜂场应采取捕杀、毁巢等有效措施防止胡蜂危害。

三、夏秋停卵阶段的准备

为了使蜂群安全地越夏，在蜂群进入夏秋停卵阶段之前，必须做好补充饲料、更换蜂王、调整群势等准备工作。

（一）饲料充足

夏秋停卵阶段长达 2 个多月，外界缺乏蜜粉源，饲料消耗量较大。如果此阶段巢内饲料不足，就会促使蜂群出巢活动，加速蜂群的生命消耗；缺蜜较严重还可能发生逃群或整群饿死。在夏秋停卵阶段饲喂蜂群，刺激蜜蜂出巢活动，易引起盗蜂。在夏秋停卵阶段前的最后一个蜜源，应给蜂群留足饲料。最好再贮备一些成熟蜜脾，以备夏秋季节个别蜂群缺蜜直接补加。如果越夏前巢内贮蜜不足，就应及时补助饲喂。

（二）更换蜂王

南方蜂群蜂王全年很少停卵，因此产卵力衰退比较快。为了越夏后蜜蜂群势正常恢复和发展，应在夏秋停卵阶段之前，培育一批优质蜂王，淘汰产卵力开始衰退的老蜂王和劣蜂王。

（三）调整群势

南方夏秋季的蜂群在蜜粉源不足的地区，群势过强会因外界蜜源不足而消耗增大，群势过弱又不利于巢温的调节、抵御敌害和蜂群的恢复。在夏秋停卵阶段前应对蜂群进行适当调整，及时合并弱群。调整群势应根据当地的气候、蜜粉源条件和饲养管理水平而定，一般在蜜粉源缺乏的地区，以 3 足框的群势越夏比较合适。如果山区或海滨有辅助粉蜜源，可将蜂群组成 6～7 框的群势按增长阶段管理。

（四）防治蜂螨

南方夏季由于群势下降，蜂群的蜂螨寄生率上升，使蜂群遭受螨害严重。对于早春治螨不彻底、螨害比较严重的蜂群，可在越夏前采取集中封盖子脾用硫黄熏蒸等方法治螨。

四、夏秋停卵阶段管理要点

蜂群夏秋停卵阶段管理的要点是：选好场地，降低巢温，避免干扰，减少活动，防止盗蜂，捕杀敌害，防蜂中毒。

（一）选场转地

在蜜粉源缺乏、敌害多、炎热干燥的地区，应选择敌害较少、有一定蜜粉源和良好水源、避开喷施农药的地方，作为蜂群越夏度秋的场所。华南地区蜂群越夏的经验是海滨越夏和山林越夏。夏季海滨温、湿度适宜，且海风凉爽，有利于蜂群散热，胡蜂等敌害也较少。蜂群转运到海滨种有芝麻、田菁、瓜类等场地放蜂，有利于蜜蜂群势的维持和增长。闽粤等地的中蜂场，多数都深入山林越夏。山地海拔升高，气温降低，夏秋季节高山密林的气温明显低于低海拔的平原，而且又有零星蜜粉源，有利于蜂群的维持和发展。但山区的胡蜂很多，应特别注意采取措施防止胡蜂危害。

（二）通风遮阴

夏末秋初，切忌将蜂箱露置在阳光下暴晒，尤其是在高温的午后。否则，轻者迫使工蜂剧烈扇风，大量采水，消耗大量的能量，使贮蜜短期耗尽；重者造成卵虫蛹的死亡，甚至使巢脾熔坠。蜂群应放置在通风、荫凉、开阔、排水良好的地面，如果没有天然林木遮阴，还应在蜂箱上搭盖凉棚。为了加强巢内通风，脾间蜂路应适当放宽至10～12毫米。

（三）调节巢门

为了防止敌害侵入，巢门的高度最好控制在7～8毫米，必要时还可以加几根铁钉。巢门的宽度则应根据蜂群的群势而定，每框蜂巢门放宽15毫米为宜。如果发现工蜂在巢门剧烈扇风，还应将巢门开大。

（四）降温增湿

高温季节蜂群调节巢温，主要依靠巢内的水分蒸发吸收热量使巢温降低，故蜂群在夏秋高温季节对水的需求量很大。如果蜂群放置在无清洁水源的地方，就需要对蜂群进行饲水。此外，还需在蜂箱周围、箱壁洒水降温。

（五）保持安静和防止盗蜂

将蜂放置在比较安静的场所，避免周围嘈杂、震动和烟雾。尽量减少开箱，夏秋季开箱扰乱蜂群的安宁，影响蜂群巢内的温、湿度，易引起盗蜂。在正常情况下蜂群越夏都有困难，如果再发生盗蜂就更危险了。在蜂群夏秋停卵阶段的管理中，必须采取措施严防盗蜂。

（六）补助饲喂

蜂群在越夏期间巢内饲料不足，应及时进行补饲。为了避免刺激蜜蜂出巢活动和引起盗蜂，最好给蜂群补加贮备的成熟封盖蜜脾。如果蜜脾贮备不足，就需要补助饲喂高浓度的糖液。饲喂糖液应在傍晚蜂群不活动时进行，并且不能将糖液滴在箱外和蜂场周围，以防止发生盗蜂。此时补助饲喂还应特别注意必须在短时间内补足，而不能造成奖励饲喂的效果。

（七）防治病敌害

夏秋停卵阶段气温高，蜂群的群势下降，抵抗力削弱，容易遭受病敌害的危害。此阶段蜂群主要的病敌害有卵干枯、卷翅病、蜂螨、胡蜂、巢虫、蟾蜍等。

蜜蜂卵干枯和幼蜂的卷翅病主要是因巢温过高引起的。高温季节工蜂巢温调节不足，就会使卵虫蛹发育不良。同时因蜜蜂无效劳动过多，过早劳损加速蜂群的群势下降。预防蜂卵干枯和幼蜂卷翅，降低巢温是关键。

胡蜂危害严重的地区应采取防除胡蜂危害的措施。防除胡蜂可在巢门前安装防护片等保护性装置，防止胡蜂侵入蜂箱。还应经常在蜂场巡视，及时捕杀来犯胡蜂。

防除蟾蜍等敌害，可将蜂箱垫高 300～400 毫米，避免蟾蜍等敌害爬到巢口或直接进入箱内。蟾蜍对环境有益，不宜捕杀，可在夜晚巡视蜂箱前，捕捉蟾蜍后放归 500 米之外。

五、夏秋停卵阶段期后管理

蜂群度过秋季的恢复期，完成蜜蜂的更新以后，才真正算作蜂群安全越夏。蜂群夏秋停卵阶段的后期管理实际上就是蜂群秋季增长阶段的恢复期管理，可参照增长阶段管理的原理采取措施。

（一）紧缩巢脾和恢复蜂路

越夏停卵阶段结束时，应对蜂群进行一次全面检查，并随群势下降抽出余脾，使蜂群保持蜂脾相称，同时将原来稍放宽的蜂路恢复正常。

（二）喂足饲料

9月份，当天气开始转凉、外界有零星粉蜜源、蜂王又恢复正常产卵时，应保证巢内粉蜜充足。如果巢内花粉不足，最好能补给贮存的花粉或花粉代用品，以加速蜂王产卵。奖励饲喂在任何时候都是促进蜂王产卵和加速蜂群恢复发展的有效措施。

（三）中蜂防迁飞

蜜蜂迁飞就是全群蜜蜂离开原蜂巢另择新居的群体行为，养蜂人常称之为逃群。在越夏停卵阶段后期，中蜂最容易迁飞。巢内贮蜜缺乏、群内无子的蜂群，当外界蜜粉源植物开花就易发生迁飞。受到病敌害侵袭的中蜂也易迁飞。在此时期饲养中蜂应及时了解蜂群情况，努力做到蜜足、密集、防病敌，必要时采取合并弱群和促王产卵措施。

第四节　蜂群秋季越冬准备阶段管理

南方有些地区冬季仍有主要蜜源植物开花泌蜜，如鹅掌柴、野坝子、柃属植物、枇杷等。如果蜂群准备采集这些冬季蜜源，秋季就应抓紧恢复和发展蜜蜂群势，培养适龄采集蜂，为采集冬蜜做好准备。该地区的蜂群管理要点可参考蜂群春季增长阶段的管理方法。

在我国中部和北方冬季气候寒冷甚至严寒，蜂群需要在巢内度过漫长的冬季。蜂群越冬是否顺利，将直接影响第二年春季蜂群的恢复发展和蜂蜜生产阶段生产，而秋季蜂群越冬前的准备又是蜂群越冬的基础。北方秋季蜂群越冬前的准备工作对蜂群安全越冬至关重要。

一、秋季越冬准备阶段的养蜂条件、管理目标和任务

（一）秋季越冬准备阶段的养蜂条件特点

秋季养蜂条件的变化趋势与春季相反，随着临近冬季，养蜂条件越来越差，如气温逐渐转冷，昼夜温差增大，蜜粉源越来越稀少，蜂王产卵和蜜蜂群势下降。

（二）秋季越冬准备阶段的管理目标

蜂群的越冬准备阶段的管理目标是培育大量健壮的适龄越冬蜂，贮备充足优质的越冬饲料，为蜂群安全越冬创造必要的条件。

（三）秋季越冬准备阶段的管理任务

越冬准备阶段的管理任务主要有两点，即培育适龄越冬蜂和贮足越冬饲料。

适龄越冬蜂是秋季培育的，未经参加哺育小幼虫和高强度采集，又经充分排便的健康工蜂。在此阶段的前期可根据需要更换新王，促进蜂王产卵和工蜂育子、加强巢内保温，培育大量的适龄越冬蜂。后期应采取措施适时断子和减少蜂群活动等措施保持蜂群实力。西方蜜蜂饲养在适龄越冬蜂的培育前后均需增治螨。

二、适龄越冬蜂的培育

只有适龄越冬蜂才能安全有效地度过冬天，凡是参加过采集、哺育和酿蜜工作，或出房后没有机会充分排便的工蜂都无法安全越冬。适龄越冬蜂的培育既不能过早，也不能过迟。过早，

培育出来的新蜂将会参加采酿蜂蜜和哺育工作；过迟，培育的越冬蜂数量不足，甚至最后一批的越冬蜂来不及出巢排便。在有限的越冬蜂培育时间内，要集中培养出大量的适龄越冬蜂，就需要有产卵力旺盛的蜂王、适当群势的蜂群和充足的粉蜜饲料。

（一）促王产卵，提供适龄越冬蜂发育条件

秋季越冬准备阶段的前期工作围绕着促进蜂王产卵、提供充足粉蜜饲料、创造适宜巢温等措施培育大量健康工蜂。

1. 更换蜂王 大量集中地培育适龄越冬蜂，应在初秋培育出一批优质的蜂王，以淘汰产卵力开始下降的老蜂王。即使有的老蜂王产卵力还可以，但是往往到了第二年的春季产卵力也会下降，在新王充足的情况下，这样的老王也应淘汰。更换蜂王之前，应对全场蜂群中的蜂王进行一次鉴定，以便分批更换。被淘汰的老蜂王可带蜂 3～4 张脾提出另组小群，继续培育越冬蜂。带蜂提走老蜂王的原群诱入一个新蜂王。当越冬蜂的培育结束后，就可将老蜂王去除，把小群的蜜蜂合并到群势较弱的越冬蜂群中。

2. 培育越冬蜂的时间选择 全国各地气候和蜜源不同，培育适龄越冬蜂的起止时间也不同。东北和西北越冬蜂培育起止时间为 8 月下旬至 9 月中旬，华北为 9 月中旬至 10 月上旬。一般来说，纬度越高的地区培育越冬蜂的时间就越提前。培育越冬蜂开始时间一般为停卵前 25 天，截止时间应在保证最后一批工蜂羽化出房后能够安全出巢排便，也就是应该在蜜蜂能够出巢飞翔的最后日期之前 35 天左右采取停卵断子措施。在此时间段促使蜂王大量产卵，培育越冬蜂。

3. 选择场地 在蜜粉源丰富的条件下，蜂群的产卵力和哺育力强。尤其是秋季越冬蜂的培育要求在短时间内完成，就更需要良好的蜜粉源条件。培育适龄越冬蜂，粉源比蜜源更重要。如

果在越冬蜂培育期间蜜多粉少就应果断地放弃采蜜，将蜂群转到粉源丰富的场地进行饲养。例如向日葵花期，前期蜜粉丰富适合生产和育子，但是到了后期则花粉减少影响越冬蜂的培育，所以应该放弃向日葵蜜源的末花期，及时将蜂群转到粉源充足的场地。

4. 保证巢内粉蜜充足 蜜蜂个体发育的健康程度与饲料营养关系十分密切。在巢内粉蜜充足的条件下，蜂群培育的工蜂数量多、发育好、抗逆力强、寿命长。北方秋季一般养蜂场地都有不同程度的蜜粉源，如果过度地取蜜脱粉，就会人为地造成巢内蜜粉不足，导致越冬蜂的质量和数量明显下降，影响蜂群安全越冬。培育适龄越冬蜂期间，应有意识地适当造成蜜粉压子圈，使每个子脾面积只保持在60%左右，让越冬蜂在蜜粉过剩的环境中发育。

5. 扩大产卵圈 虽然适当地造成蜜粉压脾有利于越冬蜂的发育，但是产卵圈受贮蜜压缩严重，影响蜂群发展，需及时把子脾上的封盖蜜切开，扩大卵圈。此阶段一般不宜加脾扩巢。

6. 奖励饲喂 培育适龄越冬蜂应结合越冬饲料的贮备连续对蜂群奖励饲喂，以促进蜂王积极产卵。奖励饲喂应在夜间进行，严防盗蜂发生。

7. 适当密集群势 秋季气温逐渐下降，蜂群也常因采集秋蜜而群势逐渐衰弱。为了保证蜂群的护脾能力，应逐步提出余脾，使蜂脾相称。北方的日夜温差很大，中午热、晚上冷，为了保证蜂群巢内育子所需要的正常温度，应及时做好蜂群的保温工作。副盖上和箱底放置保温物，盖严覆布，并在覆布上加3～4层报纸，糊严堵塞箱缝。箱盖上最好加盖草帘，中午可以遮阴，晚上又可以保温。早晚应把巢门适当缩小，中午开大，必要时还需采取巢内空处填塞保温物和箱外覆盖塑料薄膜等保温措施。

（二）适时停卵断子

北方秋季最后一个蜜源结束后，气温开始下降，蜂王产卵减少，子圈逐渐缩小，此时应及时地停卵断子。停卵断子的主要方法是限王产卵和降低巢温。

限制蜂王产卵是断子的有效手段。用扣脾王笼把蜂王限制在蜜粉脾上（图 78）或用囚王笼囚王（图 73）。应注意在囚王断子后 7～9 天彻底检查和毁弃改造王台。囚王期间，应继续保持稳定的巢温，以满足最后一批适龄越冬蜂发育的需要。

囚王 20～21 天后，封盖子基本全部出房，可释放蜂王，通过降低巢温手段限制蜂王再产卵。降低巢温可采取扩大蜂路到 15～20 毫米，撤除蜂箱内外保温物，晚上开大巢门，将蜂群迁到阴冷的地方，巢门转向朝向北面等措施，迫使蜂王从囚王笼中释放后自然停卵。采取降低巢温措施应在最后一批蜂子全部出房以后。

封盖子出房后为了阻止蜂群的巢外活动，减少消耗，除了采取降低巢内温度外，还应在巢门前遮阴。同时，应尽量减少不必要的开箱检查，以防过度干扰惊动蜂群。待外界气温下降到蜂群巢外活动的临界温度以下并趋于稳定，蜂群初步形成冬团时，再把蜂群搬到向阳处，采取越冬管理措施。

三、贮备越冬饲料

越冬期间蜜蜂不能出巢活动，整个越冬阶段蜜蜂消化所产生的粪便都贮存、积累在直肠中，直到第二年春天才能出巢排便。如果越冬饲料质量差，蜂群越冬时蜜蜂产生的粪便多。蜜蜂直肠受其粪便膨胀的压力刺激，便结团不安定，往往因提早出巢排便而冻死巢外。越冬蜂体内粪便过多还容易引起蜜蜂消化道疾病，出现下痢而造成蜜蜂死亡。在秋季为蜜蜂贮备优质充足的越冬饲料，保证蜂群安全越冬是蜂群越冬前准备阶段管理的重要任务之一。

（一）选留优质蜜粉脾

优质蜂蜜是蜜蜂最理想的越冬饲料。在秋季主要蜜源花期中，应分批提出不易结晶、无甘露蜜的封盖蜜脾，并作为蜂群的越冬饲料妥善保存。选留越冬饲料的蜜脾，应挑选脾面平整、雄蜂房少并培育过几批虫蛹的浅褐色优质巢脾，放入贮蜜区中让蜜蜂贮满蜂蜜。脾中蜂蜜贮满后放到贮蜜区巢脾外侧，促使蜜脾及时封盖。当此脾贮满封盖后提出集中保存，并注意在保存中严防盗蜂、鼠害和巢虫危害。此脾越冬前加入蜂群内，待第二年春天蜜蜂将脾上的贮蜜耗空提供蜂王产卵。如果此蜜脾直接在越冬前加入蜂群，并供早春第一批产卵，应在调到巢脾外侧之后，与相邻巢脾保持8～9毫米，以防蜜房加高而不利于蜂王春季产卵；如果此脾用于早春补助蜂群，就可将与相邻巢脾的距离适当加大，使蜜房加高而多贮蜂蜜，早春加入蜂群前将此脾蜜盖和巢房高出的部分割除。

蜂群越冬需要的蜜脾数量应根据越冬期的长短和群势决定。东北和西北地区每足框越冬蜂平均需要2.5～3.5千克的蜂蜜；华北地区每足框越冬蜂平均需要2～3千克的蜂蜜；准备转地到南方发展的越半冬蜂群，可适当少留越冬饲料，平均每足框蜂需要留1～1.5千克的蜂蜜。此外，还应再保留一些半蜜脾和分离蜜，以备急用。所有的蜂群越冬饲料都不能含有甘露蜜，蜜蜂食用含有甘露蜜的饲料在越冬期就会引起下痢死亡，导致蜂群越冬失败。倘若蜂巢中的越冬饲料混有蜜蜂采集的甘露蜜，则必须将巢内贮蜜全部摇出，另外补充优质饲料。

除了选留蜜脾之外，在粉源丰富的地区，还应选留部分粉脾，以用于第二年早春蜜蜂群势的恢复和发展。在北方饲养的蜂群，每群最好能贮备2张以上的粉脾。到南方饲养的蜂场，每群也应保留1张粉脾。

（二）补充越冬饲料

越冬蜂群巢内的饲料一定要充足。宁可到春季第一次检查调整蜂群时抽出多余的蜜脾，也不能使巢内贮蜜不足。蜂群越冬饲料的贮备，应尽量在流蜜期内完成。如果秋季最后一个流蜜期越冬饲料的贮备仍然不够，就应及时用优质的蜂蜜或白砂糖补充。给蜂群补充饲喂越冬饲料会影响越冬蜂的健康和寿命，因为补饲之后，蜜蜂对这些饲料需进行搬运、转化、酿造，蜜蜂的唾腺也必须充分发育，分泌大量的唾液，增加了蜜蜂的劳动强度，加速蜜蜂衰老。补充越冬饲料应在蜂王停卵前完成。

补充越冬饲料最好是优质、不结晶的成熟蜂蜜。蜜和水按10∶1的比例混合均匀后补饲给蜂群。没有蜂蜜也可用优质的白砂糖代替，不能用甘露蜜、发酵蜜、来路不明的蜂蜜以及土糖、饴糖、红糖、高果糖浆等作为越冬饲料。

第五节　蜂群越冬停卵阶段管理

蜂群越冬停卵阶段是指长江中下游以及以北的地区，冬季气候寒冷，工蜂停止巢外活动，蜂王停止产卵，蜂群处于半蛰伏状态的养蜂管理阶段。我国北方气候严寒，且冬季漫长。如果管理措施不当就会使蜂群死亡，致使第二年养蜂生产无法正常进行。

我国各地的蜂群越冬环境和越冬期长短不同，在蜂群的越冬管理上应根据各地的越冬环境，采取安全越冬的措施。蜂群安全越冬的首要条件就是要有适龄的越冬蜂和贮备充足的优质饲料，这两项工作必须在秋季越冬前准备阶段完成。蜂群越冬管理阶段主要工作是提供蜂群越冬的适宜温度、黑暗安静的环境。不熟悉蜂群越冬规律的人，往往认为越冬失败是由于温度低造成的。实际上，越冬失败的主要原因除了没有足够的越冬饲料和适龄越冬蜂之外，多是由于保温过度导致蜂群伤热和巢内空气不流通、湿度过大、巢内贮蜜稀释发酵等。

一、越冬停卵阶段的特点

我国不同地方的冬季气温差别非常大，蜜蜂越冬的环境条件也不同。东北、西北、华北广大地区冬季天气寒冷而漫长，东北和西北常在－30～－20℃，越冬期长达4～6个月。在越冬期蜜蜂完全停止了巢外活动，在巢内团集越冬；长江和黄河流域冬季时有回暖，常导致蜜蜂出巢活动，越冬期蜜蜂频繁出巢活动，增加蜂群消耗，越冬蜂寿命缩短，甚至将早晚出巢活动蜜蜂冻僵巢外，使群势下降。

二、越冬停卵阶段的管理目标和任务

此阶段的蜂群管理目标为保持越冬蜂健康，减少蜜蜂死亡和生命消耗，为春季蜂群恢复和发展创造条件。

蜂群越冬停卵阶段管理的主要任务是，提供蜂群适当的低温和提供充足的优质饲料以及黑暗安静的环境，避免干扰蜂群，尽一切努力减少蜂群的活动和消耗。

三、越冬蜂群的调整和布置

在蜂群越冬前应对蜂群进行全面检查，并逐步对群势进行调整，合理地布置蜂巢。越冬蜂群的强弱，不仅关系越冬安全，对第二年春天蜂群的恢复和发展也有很大的影响。越冬蜂的群势调整根据当地越冬期的长短和第二年第一个主要蜜源的迟早来决定。越冬期长，第二年第一个主要蜜源花期早，就需有较强群势的越冬蜂群。北方越冬蜂的群势最好能达到7～8足框以上，最低也不能少于 3 足框；长江中下游地区越冬蜂的群势应不低于 2 足框。越冬蜂群的群势调整，应在秋末适龄越冬蜂的培育过程中进行。预计越冬蜂群势达不到标准，应从强群中抽补部分的老熟封盖子脾以调整群势，或将弱群合并成越冬群。

越冬蜂巢的布置一般将全蜜脾放于巢箱的两侧和继箱上，半蜜脾放在巢箱中间。多数蜂场的越冬蜂巢布置是脾略多于蜂。越冬蜂巢的脾间蜂路可放宽到 15～20 毫米。

（一）双群平箱越冬

弱群 2～3 足框左右在北方也能越冬，只是越冬后的蜂群很难恢复和发展。这样的弱群除了在秋季或春季合并外，还可以采取双群平箱越冬方式以减少消耗。将巢箱用闸板隔开，两侧各放入一群弱群。在闸板两侧放半蜜脾，外侧放全蜜脾，使越冬蜂结团在闸板两侧（图 101）。

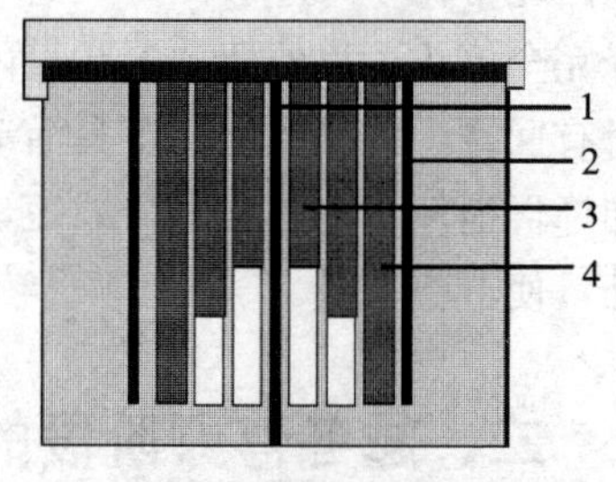

图 101　双群同箱越冬示意图

1. 闸板　2. 隔板

3. 半蜜脾　4. 全蜜脾

（二）单群平箱越冬

群势 5～6 足框蜂群可单箱越冬。巢箱内放 6～7 张脾，巢脾放在蜂箱的中间，两侧加隔板。中间放半蜜脾，两侧放全蜜脾（图 102）。

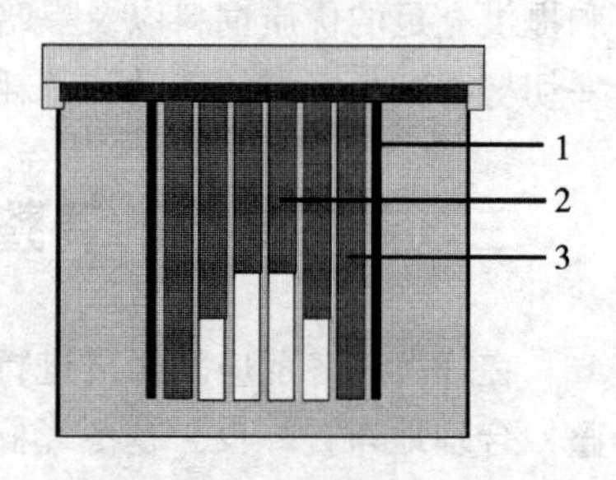

图 102　单群平箱越冬示意图

1. 隔板　2. 半蜜脾　3. 全蜜脾

（三）单群双箱体越冬

群势 7～8 足框蜂群采用双箱体越冬，巢箱和继箱各放 6～8 张脾。蜂团最初结在巢箱，随着饲料消耗而逐渐向继箱移动。继箱放全蜜脾，巢箱中间放半蜜脾，两侧放全蜜脾（图 103）。

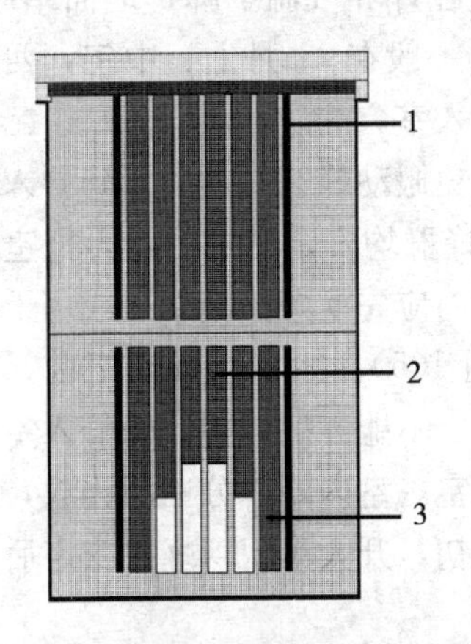

图 103　单群双箱体越冬示意图
1. 隔板　2. 半蜜脾　3. 全蜜脾

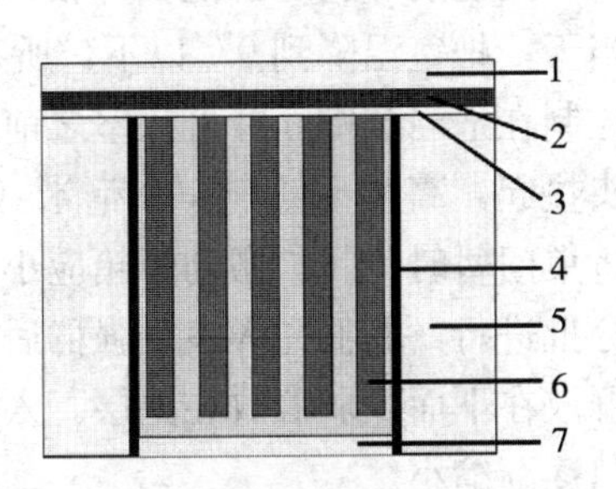

图 104　拥挤蜂巢布置法示意图
1. 保温垫　2. 副盖　3. 覆布和报纸
4. 闸板　5. 保温物　6. 蜜脾　7. 垫板

（四）拥挤蜂巢布置法

拥挤蜂群布置方法只适合高寒地区蜂群越冬。把 7 足框的蜂群，紧缩在 5 个蜜脾的 4 条蜂路间。在巢箱中央放 5 个整蜜脾，两侧放闸板。闸板外面的空隙填充保温物，巢底套垫板，使巢框下梁和巢底距离缩减到 9 毫米高。在巢框上梁横放几根树枝，垫起蜂路，盖上覆布，加上副盖，再加盖数张报纸和保温物，最后盖上箱盖（图 104）。

四、北方蜂群越冬管理

（一）北方室内越冬

北方室内越冬的效果主要取决于越冬室温度和湿度的控制。

1. 蜂群入室　蜂群入室的前提条件是适龄越冬蜂已经排便飞翔，气温下降并基本稳定，蜂群结成冬团。蜂群入室过早，会使蜂群伤热。蜂群入室的时间一般在外界气温下降，地面结冰，但无大量积雪。东北高寒地区蜂群一般在11月上、中旬，西北和华北地区常在11月底或12月初入室。

入室前一天晚上撬动蜂箱，避免搬动蜂箱时震动。蜂群入室当天，把室温降到0℃以下，所有蜂群均安定结团后，再把室温控制在适当范围。蜂群入室之前室内应先摆好蜂箱架，或用干砖头垫起，高度不低于400毫米（图105）。蜂群在搬动之前，应将巢门暂时关闭。搬动蜂箱应小心，不能弄散蜂团。蜂群入室可分批进行，弱群先入室，强群后入室。室内蜂群分三层排放，强群放在下面，弱群放在上层。入室初，开大巢门，蜂群安定后巢门逐渐缩小。

图105　越冬室蜂群排放

2. 越冬室温度的控制　越冬室内温度应控制在－2～2℃之间，最高不能超过6℃，最低不低于－5℃。测定室内温度，可在第一层和第三层蜂箱的高度各放一个温度计，在中层蜂箱的高度放一个干湿温度计（图106）。

3. 越冬室湿度控制　越冬室的湿度应控制在75%～85%，过度潮湿将使未封盖的蜜脾中的贮蜜吸水发酵，蜜蜂吸食后就会患下痢病。越冬室过度干燥使巢脾中的贮蜜脱水结晶，结晶的蜂蜜蜜蜂不能取食。东北地区室内越冬需防湿，西北蜜蜂越冬防干燥。东北蜂群入室前，用草木灰、干锯末、干牛粪等吸水性强的材料平铺地面吸湿等干燥措施。新疆等干燥地区蜂群室内越冬一般应增湿，在墙壁悬挂浸湿的麻袋和向地面洒水。

图 106 越冬室内温、湿度计

4. 室内越冬蜂群的检查

在蜂群入室初期需经常入室察看，当越冬室温度稳定后可减少入室观察的次数，一般 10 天一次。越冬后期室温易上升，蜂群也容易发生问题，应每隔 2～3 天入室观察一次。

进入越冬室内首先静立片刻，看室内是否有透光之处，注意倾听蜂群的声音。蜜蜂发出微微的嗡嗡声说明正常；声音过大，时有蜜蜂飞出，可能是室温过高，或室内干燥；蜜蜂发生的声音不均匀，时高时低，有可能室温过低。用医用听诊器或橡皮管测听蜂箱中声音，蜂声微弱均匀，用手指轻弹箱壁，能听到“唰”的一声，随后很快停止说明正常；轻弹箱壁后声音经久不息，出现混乱的嗡嗡声，可能失王、鼠害、通风不良，必要时可开箱检查处理；从听诊器或橡皮管听到的声音极微弱，可能蜂群严重削弱或遭受饥饿，需要立即急救；蜂团发出“呼呼”的声音，巢内过热，应扩大巢门或降低室温；蜂团发生微弱起伏的“唰唰”声，温度过低，应缩小巢门或提高室温；箱内蜂团不安静，时有“咔咔嚓嚓”等声音，可能是箱内有老鼠危害。听测蜂团的声音还要根据蜂群的群势和结团的位置分析，强群声音较大，弱群声音较小；蜂团靠近蜂箱前部声音较大，靠近后部声音较小。

用红光手电从巢门照射蜂团检查蜂群。蜂团松散，蜜蜂离脾或飞出，可能是巢温过高，蜂王提早产卵，或者饲料耗尽而处于饥饿状态；巢门前有大肚子蜜蜂在活动，并排出粪便是下痢病；蜂箱内有稀蜜流出，是贮蜜发酵变质；蜂箱内有水流出，是巢内先热后冷，通风不良，水蒸气凝结成水，造成巢内过湿；从蜂箱底部掏出糖粒是贮蜜结晶现象；巢内死蜂突然增多，且体色正常，腹部较小，可能是蜜蜂饥饿造成的，需要立即急救；出现残体蜂尸和碎渣为鼠害；某一侧死蜂特别多，很可能是这一侧巢脾贮蜜已空，饿死部分蜜蜂；蜂团已移向蜂箱后壁，说明巢脾前部的贮蜜已空，应注意防止发生饥饿。

5. 防止鼠害 北方冬季越冬室和蜂箱是家鼠和田鼠理想的越冬场所，老鼠进入蜂箱多半在入室以前。在秋季预防鼠害可用铁钉将巢门钉成栅状，防止老鼠钻入。越冬期间如果发现箱内有老鼠危害，要立即开箱捕捉。

6. 保持越冬室的安静与黑暗 冬季的蜂群需要在安静和黑暗的环境中生活，振动和光亮都能干扰越冬蜂群，促使部分蜜蜂飞出箱外。多次骚动的蜂群食量剧增，对越冬工蜂的健康极为不利。在越冬蜂群的管理中应保持黑暗和安静的环境，尽量避免干扰蜂群。

7. 蜂群出室 室内越冬的蜂群一般在外界气温8～10℃时出室。蜂群出室也可分批进行，强群先出室，弱群后出室。蜂群出室后，蜂群按早春的增长阶段管理。

（二）北方蜂群室外越冬

蜂群室外越冬更接近蜜蜂自然的生活状态，只要管理得当，室外越冬的蜂群基本上不发生下痢，不伤热，蜂群在春季发展也较快。室外越冬可以节省建筑越冬室的费用。

1. 室外越冬蜂群的保温包装 室外越冬蜂群主要进行箱外保温包装，箱内不保温。蜂群的保温包装材料可根据具体情况就地取材，如锯末、稻草、谷草、稻皮、树叶等。箱外保温包装应根据冬季寒冷程度确定包装的严密程度。在蜂群保温包装过程中，要防止蜂群伤热，最好分期进行。蜂群冬季伤热的危害要比过冷严重得多，室外越冬蜂群保温包装的原则是宁冷勿热。蜂群保温包装还应注意保持巢内通风。

越冬场所须背风、干燥、安静，要远离铁路、公路等人畜经常活动的地方，避免强烈震动和干扰。可采取砌挡风墙、搭越冬棚、挖地沟等措施，创造避风保温条件。

蜂群保温包装不宜过早，应在外界已开始冰冻，蜂群不再出巢活动时进行。保温包装后如果蜂群出现热的迹象，应及时去除外包装。第一次包装时间华北地区在 12 月上旬，新疆 11 月中旬，东北 10 月中下旬。

图 107　地上包装

a. 一字形排列　b. 蜂箱上方铺干草，保温垫斜放在巢前

c. 四周用草帘保温，用木板斜巢门前保持蜂通气　d. 麻袋中填充干草制成的保温垫

（1）地面上越冬蜂群保温包装　蜂群一字形排放在避风向阳的地面（图 107a），在箱底垫起 100 毫米以上干草（稻草或谷草）。蜂箱上方也铺上 100 毫米以上的干草（图 107b、c），蜂箱四周均用草帘（图 107c）或麻袋装填干草等制成的保温垫（图 107d）等包裹在蜂箱周围。蜂箱之间相距 100 毫米，其间塞满干草、松针等保温物（图 107b）。避免蜂箱巢门被堵塞，巢门前斜

放一块板（图 107c）或保温垫斜放在巢箱前（图 107b）。

（2）草埋包装　先砌一高 660 毫米的围墙，围墙的长度可根据蜂群数量来决定。在围墙内先垫上干草，然后将蜂箱搬入，蜂箱的巢门踏板与围墙外头齐平。在每个箱门前放一个⌒形板桥，前面再放挡板，挡板的缺口正好与⌒形板桥相配合，使巢门与外界相通。然后在蜂箱周围填充干燥的麦秸、秕谷、锯末等保温材料（图 108）。包装厚度：蜂箱后面 100 毫米，前面 66～85 毫米，各箱之间 10 毫米，蜂箱上面 100 毫米。包装时要把蜂箱覆布后面叠起一角，并要在对着叠起覆布的地方放一个 60～80 毫米粗的草把，作为通气孔，草把上端在覆土之上。最后用 20 毫米厚的湿泥土封顶。包装后要仔细检查，有孔隙的地方要用湿泥土盖严，所盖的湿泥土在夜间就会冻结，能防老鼠侵入。

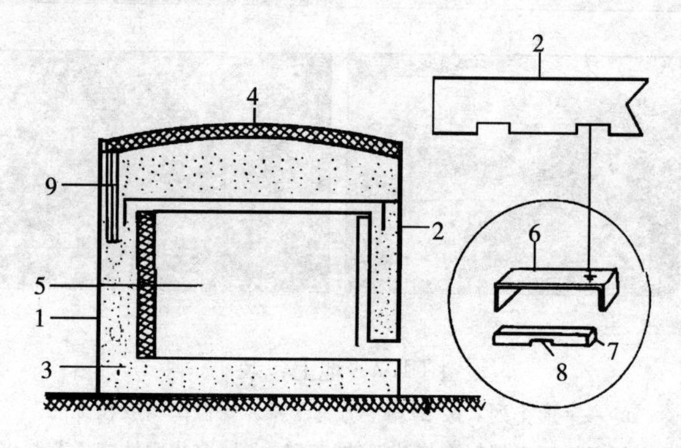

图 108　草埋包装

1. 后围墙　2. 前挡板　3. 保温材料　4. 泥顶
5. 蜂箱　6. 越冬巢门　7. 大门　8. 小门　9. 草把
（引自陈盛禄，2001）

（3）地沟包装　在土质干燥的地方，可利用地沟包装法进行蜂群室外越冬（图 109a）。越冬前以每 10～20 群为一组，挖成一条长方形的地沟，沟长按蜂箱排列的数量而定，宽 800 毫米，深500毫米。沟下垫60～80毫米厚的保温材料，上面排列蜂箱，然后在蜂箱的后部和蜂箱之间加填80～100毫米的保温材料，蜂箱上部覆盖8～10毫米厚的保温材料，蜂箱前面地沟的空间用树枝架起草棚，形成沿巢门前部的一条通风长洞，长洞两侧及中间洞上方留若干通气孔。通气孔要有防鼠装置（图109b）。在地沟两侧和中间的通气孔各放一个温度计，测地沟温度（图109c）。保温材料覆盖之后，再培以60～80毫米厚的土。放入地沟里的蜂群开大巢门，地沟内保持0～2℃。通过扩大和缩小通气孔调解地沟里的温度。

a

b

c

图109　地沟包装

a. 地沟包装外观　b. 通气孔　c. 通气孔中吊放温度计

2. 室外越冬蜂群管理

（1）调节巢门　调节巢门是越冬蜂群管理的重要环节。室外越冬包装严密的蜂群如地沟包装需开大巢门。初包装时开大巢门，随着外界气温下降，逐渐缩小巢门，在最冷的季节还可在巢门外塞些松软的透气的保温物。随着天气回暖，巢门应逐渐开大。

（2）遮光　从包装之日起直到越冬结束都应给蜂箱巢门遮光，防止低温晴天蜜蜂飞出巢外冻死。即使低气温下蜜蜂不出巢，受光线刺激也会使蜂团相对松散，引起代谢增强、耗蜜增多。蜂箱巢门前可用草帘、箱盖、木板等物遮光。

（3）检查　从箱外听箱内蜂群的声音（图110），能够判断箱内蜂群状况，判断方法参见室内越冬的检查。越冬后期应注意每隔 15～20 天在巢门掏除一次死蜂，以防死蜂堵塞巢门不利通风。在掏除死蜂时尽量避免惊扰蜂群，要做到轻稳。掏死蜂时发现巢门冻结，巢门附近蜂尸冻实，而箱内死蜂没有冻实，表明巢温正常；巢门没冻，表明箱内温度偏高；巢内死蜂冻实，表明巢温偏低。

室外越冬的蜂群整个冬季都不用开箱检查。如果初次进行室外越冬没有经验，可在 2 月份检查一次。打开蜂箱上面的保温物，逐箱查看。如果蜂团在蜂箱的中部（图 111），蜂团小而紧，就说明越冬正常。

图 110　听箱内声音判断蜂群是否正常

图 111　越冬蜂团在巢的中部

五、我国中部地区蜂群越冬管理

由于我国中部地区冬季气温偏高，中午气温常在 10℃以上，蜜蜂常出巢活动，容易冻僵巢外。南方蜂群暗室越冬措施得当，死亡率和饲料的消耗量都较低。但是，如果暗室温度过高，蜂群就会发生危险。在冬季气温偏高的年份，南方蜂群室内越冬也容易失败。

（一）我国中部地区蜂群暗室越冬

1. 越冬暗室的选择　我国中部地区蜂群越冬暗室为瓦房和

草房均可，要求室内宽敞、清洁、干燥、通风、隔热、黑暗。室内不能存放过农药等有毒的物质，并且室内应无异味。

2. 入室前的蜂群准备 蜂群入室之前须囚王断子，并且结合治螨，使新蜂充分排便，保持巢内饲料充足。脾略多于蜂，蜂路扩大到15～20毫米，箱内不保温。

3. 蜂群入室及暗室越冬管理 夜晚把蜂群搬入越冬室，打开巢门，并在巢门前喷水。蜂群入室后连续10天，每天在巢门前喷水1～2次以促使蜂群安定。室内温度控制在8℃以下。白天关紧门窗，保持黑暗，夜晚打开门窗通风降温。遇到天气闷热、室温升高，蜜蜂骚动，应采取洒水、加冰等降温的措施。如果室温不能有效控制，应及时将蜂群搬出室外。

（二）我国中部地区蜂群室外越冬

我国中部地区蜂群室外越冬管理，重点应放在减少蜜蜂出巢活动，以保持蜂群的实力。管理要点是越冬前囚王断子，留足饲料；在气温突然下降时，把蜂群搬到阴冷的地方；注意遮光，避免蜜蜂受光线刺激出巢；扩大蜂路，降低巢温；越冬场所不能选择在有油茶、茶树、甘露蜜的地方越冬。

六、越冬不正常蜂群的补救方法

（一）补充饲料

越冬期给蜂群补充饲料是一项迫不得已的措施。由于补充饲料时需要活动巢脾，惊动蜂团，致使巢温升高，蜜蜂不仅过多取食蜂蜜浪费饲料，而且也增多了腹部粪便的积存量，容易导致下痢病。因此，要立足于越冬前的准备工作，为蜂群贮存足够的优质饲料，避免冬季补充饲料的麻烦。

1. 补换蜜脾 用越冬前贮备蜜脾补换给缺饲料的蜂群。如果从贮备蜜脾较冷的仓库中取出，应先移到25℃以上的温室内暂放24小时，待蜜脾温度升至室温再放入蜂群。换脾时要轻轻将多余的空脾提到靠近蜂团的隔板外侧，让脾上蜜蜂自己离脾返回蜂团，再将蜜脾放入隔板里靠近蜂团的位置。

2. 灌蜜脾补喂 如果贮备的蜜脾不足，可以使用成熟的分离蜜加温溶化或者以2份白砂糖、1份水加温制成糖液，冷却至35～40℃时进行人工灌脾，灌完糖液后要将巢脾放入容器上，待脾上不往下滴蜜时再放入蜂巢中。采用这种方法饲喂，必须把巢内多余的空脾撤到隔板外侧或者撤出去。

（二）变质饲料的调换

越冬饲料出现严重的发酵或结晶现象，应及时用优质蜜脾更换。换脾时发酵蜜脾不可在蜂箱里抖蜂，将这些蜜脾提到隔板外让蜜蜂自行爬回蜂团，以免将发酵蜜抖落在蜂箱中和蜂体上，造成更大危害。结晶蜜脾可以抖去蜜蜂直接撤走。

（三）不正常蜂群的处理

1. 潮湿群 越冬期常因为蜂箱通风不良以及越冬室湿度过大，蜂箱内湿气排不出去，逐渐在蜂箱内壁聚集成小水珠并流落到箱底。出现这样严重潮湿的蜂群，若不及时处理必然因潮湿导致蜂蜜发酵和发生下痢病，威胁安全越冬。初见潮湿除了加强室内通风降低湿度之外，还可将干草木灰装入小纱布袋里放进蜂箱隔板外侧，浸湿以后再换入干的草木灰。蜂箱中潮湿严重则需换箱，将潮湿蜂箱搬入15℃温室内，迅速换上已准备好的干燥空蜂箱。换完箱后盖严箱盖，然后逐渐降低室温，待蜜蜂重新结团时再搬回越冬室。

2. 下痢病蜂群 下痢病蜂群巢门口有粪便，常有蜂爬出，体色发暗，腹部膨大，严重时在巢脾、隔板、箱壁上和箱底都有下痢的粪便，箱内、外死蜂较多。越冬期大批蜂群普遍发生下痢病，并且日渐严重说明越冬饲料有问题，最好能运到南方提早进入春季增长阶段；在越冬后期发生下痢病，可以采取换蜜脾、换蜂箱的措施来减少损失。将下痢病蜂群搬入 15℃左右的温室内放 1～2 小时，搬入 22℃以上的塑料大棚内，打开巢门放蜂排便飞翔，同时进行换脾换箱。排便完毕即关闭巢门逐渐降温，蜂群安定后送回越冬室。

第五章 人工育王

蜂王质量直接影响蜜蜂的群势、采集力、抗逆力等养蜂生产诸要素。尤其是优质蜂王的抗病性是减少蜂群病害，避免蜂产品药残的关键，对蜜蜂产品安全生产至关重要。依靠蜂群自然培育蜂王，会受到时间和数量上的限制。人工育王技术不但可以根据蜂场规模的数量要求和蜂群管理的时间要求进行有计划的培育蜂王，同时还可以通过选育培育抗病力、产卵力、控制分蜂能力强的优质蜂王。

当外界气温稳定在20℃以上、蜜粉源丰富、有雄蜂出房时，可开始育王。在这些条件都满足情况下，越早育王对培养强群越有利。

少量的蜂王补充也可选用自然分蜂王台，但是必须在具有优良性状的健康强群中获取，切忌用分蜂性强、弱群中的王台。在蜂群检查中，记录强群分蜂王台封盖的时间和王台所在的蜂箱和巢脾，在封盖后第6～7天取出放入交尾群。

第一节　种用群的选择和组织

父群是指为培育蜂王提供种用雄蜂的蜂群。母群是为人工育王提供卵或小幼虫的蜂群。提供蜂王幼虫食料和蜂王虫蛹生长发育环境的蜂群为哺育群，哺育群也称为育王群。父群、母群和哺育群统称为人工育王的种用群。培育蜂王的质量与种用群性状密切相关，种用群选择最重要的性状是抗病力强和能够维持强群。

在人工育王过程中，必须注意保持本场蜜蜂的遗传多样性，避免用少数母群移虫。如果附近10千米范围内，在蜂王交配季节没有其他饲养同蜂种的蜂场，母群需20群以上，父群最好能保持30群以上。如果周边有饲养同蜂种的蜂场，可根据其蜂群数量减少母群和父群数量，一般母群不宜低于10群，父群不宜低于20群。禁止从外地引进中华蜜蜂种王，否则会有风险。

一、父群选择和雄蜂培育

（一）父群选择

父群选择至少应通过1周年以上的观察和比较，全面衡量蜂群各方面的性状，包括蜂群的抗病力、增长速度、分蜂性、盗性、温驯性、生产性能等。在一个蜂群中所有的性状都表现特别优良是不太可能的，在选择种用群时，父群的选择可在各方面性状较优良的基础上，侧重于突出的采集力和生产性能。

（二）父群的组织和管理

培育雄蜂的父群需要强盛的群势，西方蜜蜂应达到13～15足框，巢内留8～9足框较大的子脾和3～4足框粉蜜脾。父群巢内调整为蜂脾相称或蜂稍多于脾。

父群的管理要点是奖励饲喂、保证饲料充足、低温季节适度保温。雄蜂房盖突出，靠近雄蜂脾的蜂路应适当放宽距离。雄蜂出房后生活环境对其继续发育有很大的影响，为保证雄蜂出房后继续健康发育，父群应保持群势强盛和粉蜜充足。

（三）种用雄蜂的培育

人工育王移虫前20天在父群中培育雄蜂，同时割除场内非父群雄蜂封盖子。培育种用雄蜂最好使用新修造的种用雄蜂脾。可用特制的雄蜂巢础镶入巢框专门修造种用雄蜂脾，也可将工蜂巢础镶装在巢框的上部，雄蜂巢础镶装在巢框的下部，修造成组合巢脾(图112)。也可在蜜源丰富的季节割去较旧巢脾的上部，放入强群的继箱中修造。为保证在计划时间内有足够数量的性成熟的雄蜂，在培育雄蜂时可用框式隔王栅或蜂王产卵控制器（图113）把蜂王控制在雄蜂脾上。用框式隔王栅控制蜂王在雄蜂脾上产卵，可将蜂巢分隔成两个区，每区各一只蜂王，其中一区为育子区，另一区为蜂王产未受粉卵培育种用雄蜂。雄蜂脾放在靠隔王栅的位置，外侧放大封盖子脾和全蜜脾。此区除了雄蜂巢房外，保证可供蜂王产卵的巢房很少，迫使蜂王在雄蜂房中产卵。

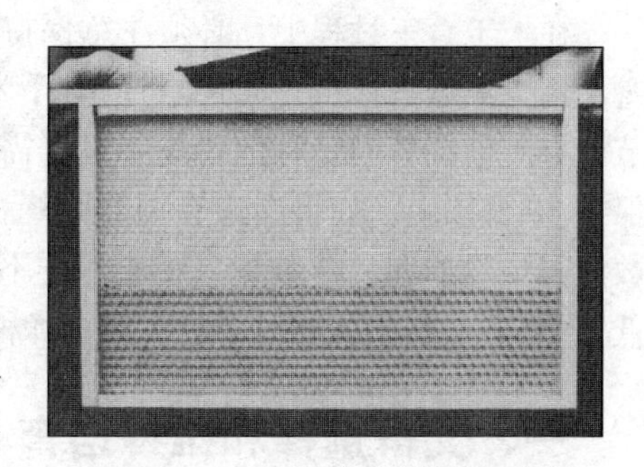

图 112　工蜂和雄蜂组合巢础框

(引自 Browm，1985)

图 113　蜂王产卵控制器

培育种用雄蜂的数量应根据需要培育蜂王的数量、种用雄蜂的发育等情况而定。种用雄蜂数量多，才可能形成空中的交配优势，保证蜂王顺利交配。春季雄蜂发育的条件好，培育蜂王数量在 30 只以内，1 只蜂王配备 100 只适龄雄蜂。秋季培育的雄蜂成熟率低，需雄蜂量更大，培育 30～100 只蜂王，每只蜂王需 200 只雄蜂。

西方蜜蜂在培育种用雄蜂前须对父群彻底治螨。雄蜂发育期长，蜂螨多集中在雄蜂房中寄生，雄蜂遭受螨害更严重。螨害严重影响种用雄蜂的健康发育。

二、母群选择和管理

母群选择应通过1周年以上的观察和比较，全面衡量其生物学特性和生产性能。在没有明显不良性状的前提下，母群的选择侧重于抗病力和产卵力强、群势增长快、分蜂性弱、能维持强群以及最突出的生产性能。

优质蜂王最重要的性状是抗病力强、产卵量大、控制分蜂能力强，外观形态上表现为体宽腹大。培育蜂王的大小与卵的大小有直接关系，大的卵培育的蜂王也大。为获取大卵，在移虫前8～10天，将母群的蜂王用隔王栅或蜂王产卵控制器（图113）限制在巢箱的中部，在此区内基本没有可供蜂王产卵的空巢房，迫使蜂王减少产卵。在移虫前4天，在此区插入1张在脾中间只有200～300个空巢房的棕色新封盖子脾或幼虫脾供蜂王产卵。

母群应有充足的粉蜜饲料、较多的哺育蜂和良好的保温条件，哺育力强，使小幼虫在丰富的食料中发育。小幼虫底部王浆较多，移虫时能减少幼虫受伤，有利于提高移虫的接受率。母群巢内应保持蜂脾相称或蜂略多于脾。

三、哺育群组织和管理

哺育群应群势强盛，蜜粉充足，蜂脾相称或蜂多于脾。西方蜜蜂哺育群群势一般应有12足框以上。哺育群的组织最好在移虫前10天完成，使老熟封盖子脾达到2～3足框，育王时这些封盖子均已发育成适龄哺育蜂。在组织哺育群时毁除群内所有的自然王台，用隔王栅将蜂群分隔为无王的育王区和有王的育子区。

如果是有继箱的哺育群，育王区设在继箱，巢箱和继箱用平面隔王栅隔开。育王框放在育王区中部的小幼虫脾之间，两侧巢脾分别再排列带粉蜜的大幼虫脾、封盖子脾、蜜粉脾。蜂王放在育子区内，其中放置5～8张老熟封盖子脾、空脾和蜜粉脾。卧式蜂箱的哺育群则用框式隔王栅将蜂箱分隔成左右两区，一边是育王区，另一边是育子区，两区巢脾布置的方法同继箱哺育群。为保证哺育力充足，在放入育王框后，将数量过多的卵和小幼虫脾调整到其他蜂群。

哺育群如果需要连续育王，可在王台全部封盖后小心地提出育王框，切忌碰撞震动，放入其他加有隔王栅强群的继箱无王区中，使其继续发育成熟。原哺育群可再放入第二框新移虫的育王框。

第二节　移虫育王方法

移虫育王法是一种计划性强、效率高、效果比较理想的常用育王方法。移虫育王就是制造人工台基、将工蜂巢房中的小幼虫移到人工台基中，放入哺育群中由蜂群培育。在新蜂王出台前诱入交尾群中。

一、台基修造

人工台基可分为蜂蜡台基和塑料台基，人工台基在移虫前均需要经蜂群清理、修整。塑料台基需选用单台台基，不能使用产浆用的台基条。

（一）蘸制蜂蜡台基

在蘸制台基之前，先把台基棒（图114a）放在冷水中浸泡30分钟以上。为提高蘸制台基的效率，可将台基棒固定成一组（图114b）。将蜜盖、赘脾、新脾的蜂蜡放入熔蜡壶内加热，待

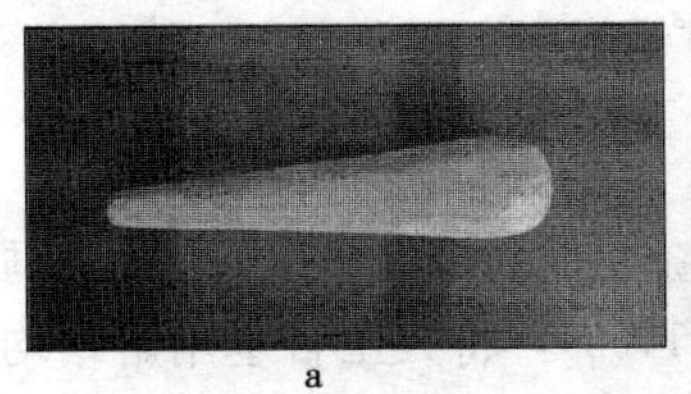

a

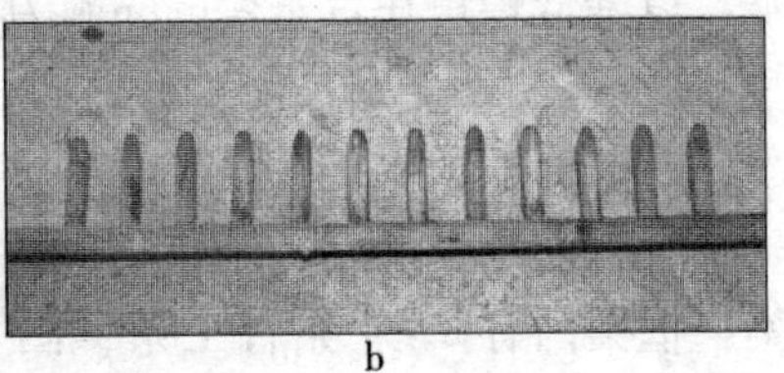

b

图 114　台基棒

a. 单根台基棒　b. 台基棒组

蜂蜡完全熔化后，将熔蜡罐置于 75℃左右的热水中。把台基棒直立浸入蜡液 10 毫米深处，立即取出稍等片刻再浸入，如此反复 2～3 次，一次比一次浅，使台基从上至下逐渐增厚（图 115a）。最后在冷水中浸一下（图 115b），用手指轻旋脱下（图 115c、d）。蘸制下一个台基时，须将台基棒插入冷水中浸润一

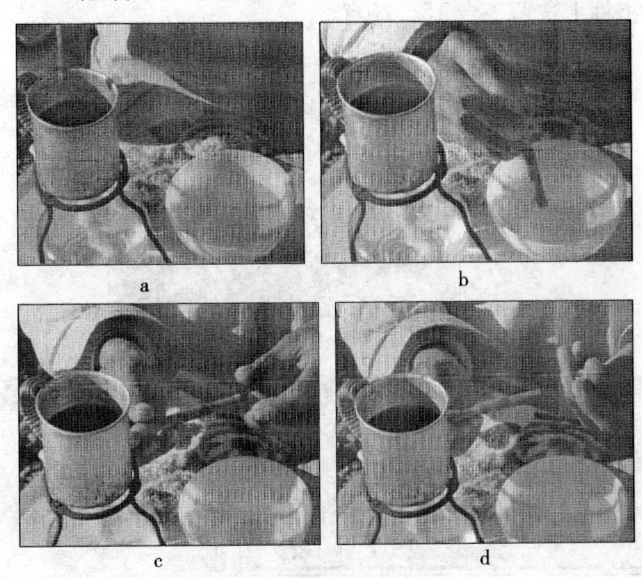

图 115　用台基棒蘸制蜂蜡台基

a. 台基棒在蜡液中蘸制　b. 在冷水中浸一下

c. 用手指旋脱　d. 取下蜂蜡台基

下，以降低蜂蜡在台基棒的黏附力。

（二）台基粘装和修整

育王框是由上梁、侧条和台基条组成的与巢框大小相同的框架，框架内有2～4条育王条（图116a），将人工台基用熔蜡均匀地粘在育王框的台基条上（图116b）。也可用巢脾改制成育王框，将巢脾下方2/3的巢脾割下，安装2条育王框。为了割台方便，台基在粘结过程中，底部可蘸点蜂蜡使台底加厚，或台基下垫小竹片（图116c）等，以免王台成熟时割台损坏王台。台基应粘结牢固、周正，不可歪斜，以震动育王框台基不脱落为准。为保证培育蜂王的质量，西方蜜蜂育王框上王台不超过40个，移虫后封盖前选留不超过30个，中华蜜蜂可根据哺育群的群势在育王框上选留王台15～20个。

a

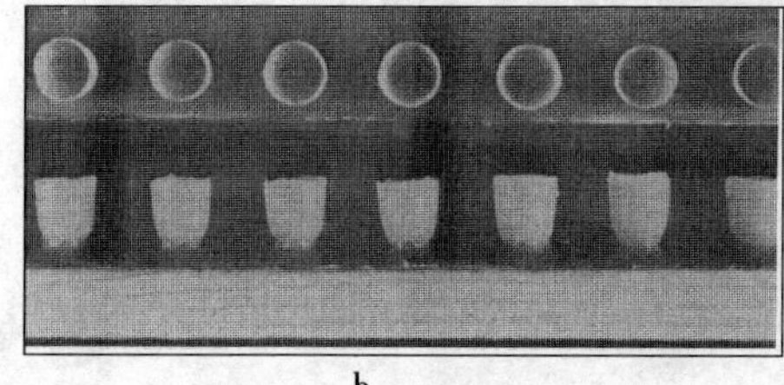

b

c

图116　育王框和台基条

a. 育王框　b. 台基条（引自 Laidlaw H.，1993）　c. 台基下垫小竹片可用栽台育王脾取代育王框。选择脾面平整的褐色巢脾，将台基台口向下用熔蜡均匀地粘合在脾面上（图 117a）。经放入蜂群修整后移虫（图 117b），放入哺育群培育成熟（图 117c）。

图 117 栽台育王脾

a. 脾上栽台 b. 栽台育王脾上移虫 c. 栽台育王脾上的王台成熟

（引自 Winter，1980）

粘装好台基的育王框或育王脾放入哺育群中清理修台，蜂蜡台基需在蜂群中修 2～3 小时，修整加工成台口略显收口时，即可将育王框提出准备移虫；塑料台基需要在蜂群中修整 24 小时。蜂蜡台基放入蜂群修整时间过长时，蜂群会把空台基啃光。

二、移虫

移虫工作应在气温 20～30℃、相对湿度 70%～85%的室内进行。如果在室外移虫，应选择晴暖无风的天气，且避免阳光直接照射。从母群中提出事先准备好的供移虫的小幼虫脾，从哺育群中提出修整好的育王框。挑选12～18小时以内、有光泽、底部乳浆充足的小幼虫。移虫时，移虫舌（图118a）沿巢房壁插入房底，使舌端插在幼虫和巢房底之间，待移虫舌尖越过虫体后再沿房壁原路退回，即可托起小幼虫（图118b）。将其送入台基中部（图118c），然后压下推杆，移虫舌从反方向退出。在移虫过程中，应保持小幼虫浮在王浆表面上的自然状态。移虫的速度要快，应在5分钟内完成，移虫的时间过长影响移虫接受率和新蜂王的发育，尤其是在气温较低的季节。

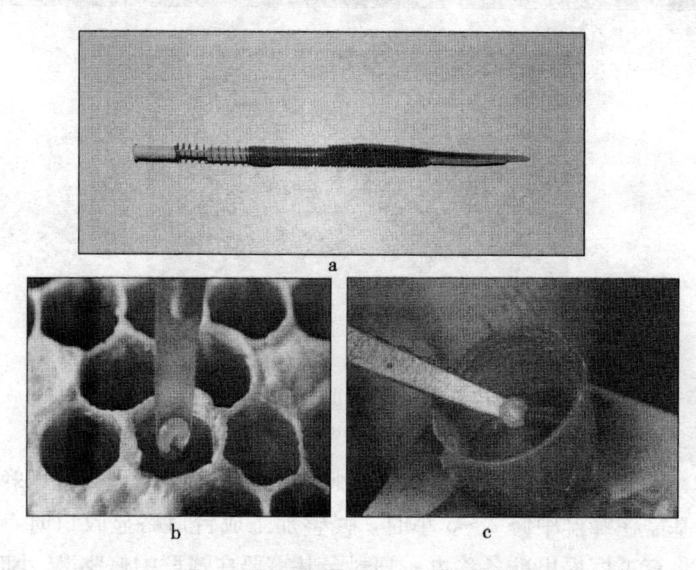

图118 移 虫

a. 移虫舌 b. 从巢房移出小幼虫 c. 小幼虫移入台基中

（引自John E.，1977）

三、移虫后的管理

从移虫的前2～3天开始，对育王群每天傍晚连续奖励饲喂，直到王台全部封盖。在外界粉源不足时应给哺育群补充蛋白质饲料。

移虫后第 2 天提出育王框检查幼虫是否被接受，检查过程中切忌震动育王框。已被接受的幼虫其王台加高，王台中的蜂王浆增多，幼虫浮在蜂王浆上；未被接受的王台被咬坏，王台中没有幼虫。第 6 天检查王台封盖情况，淘汰小的、歪斜的和未封盖的王台。第 8 天，查看可用王台的数量，计划交尾群组织的数量。

第三节 交尾群的组织和管理

交尾群是专为处女王提供生活条件组成的蜂群。为了提高蜂群的使用效率，交尾群的群势往往很小。交尾群要具备独立生存的能力，必须有各龄期的蜜蜂，以便能承担蜂群的各项工作。交尾群的最小群势与外界的气温、蜜粉源密切相关，天气温暖、气温稳定，蜜粉源丰富、无盗蜂，群势可稍弱些。但是交尾群过弱除了有垮掉的风险外，还可能会影响新蜂王的质量。交尾群应有充足的蜂蜜和花粉饲料，并要有一定数量的卵虫脾，利用蜜蜂恋子的习性，巩固和维持交尾群的群势。此外，还应有一定数量的封盖子脾，此封盖子出房后加强群势，并为交尾后的新蜂王提供产卵位置。

一、交尾箱的类型和准备

交尾箱的类型很多，主要可分为两大类，即标准巢框交尾箱和小型巢脾交尾箱。

交尾箱的准备工作应认真细致，应认真检查箱体有无破损之处。若有破损应及时修补，以免引发盗蜂。同箱多区交尾的交尾箱，闸板与箱体之间一定要严密，不能留有缝隙。

（一）标准巢框交尾箱

标准巢框交尾箱由普通郎氏标准蜂箱用闸板分隔成 2～4 个小区构成，也可以是特制成可放 3～4 张标准巢脾的专用交尾箱。这种交尾箱不必特制巢脾，可用生产蜂箱饲养交尾群，蜂王交配成功可直接补强成为正常蜂群，也可将交尾群的蜂和脾调整到其他蜂群。但与小型交尾箱相比，需要的蜜蜂数量较多。标准巢框交尾箱与小型巢脾交尾箱比较，同等群势下保温和护脾能力稍差。

1. 双区交尾箱 郎氏标准蜂箱用闸板平分为 2 区，分别开设巢门，一个巢门开在正面，另一个巢门开在后面或侧面。每区通常以 2 足框蜂附 2 框封盖子脾及 1 框粉蜜脾组成。这种类型交尾箱，群势较强，适应期长，但处女王交尾失败，在蜜蜂利用上不够经济。

2. 四区交尾箱 郎氏标准巢箱用 3 块闸板平分为 4 区，在前后左右 4 个方向分别开设巢门。每区交尾群的群势，约在 1～1.5 足框蜂，放 2 张有封盖子和蜜粉的巢脾。这种交尾群的群势中等，也可以提供贮备蜂王或重复交尾使用。如果处女王交尾未成功，交尾群合并便利。不足之处在于巢门多向，陈列不便，日照不一。

3. 原群用闸板分隔交尾小区 正常蜂群用闸板和覆布分隔 1～2 脾作为交尾区，由侧门出入交尾。交尾区内的群势可调整增减，保温较好。处女王交尾失败，交尾区的蜜蜂容易并回原群，也便于更换原群蜂王。如果处女王交尾错投，常有杀死原群或其他蜂群产卵王的风险。

4. 利用正常蜂群交尾 正常蜂群提走原来老王，或者利用失王的蜂群，诱入成熟王台作为交尾群。此类型交尾群多采用配套的蜂群管理措施，以达到治螨、换王、蜂蜜高产等目的。这种方法同样也不需特殊设备，处女王生活环境优越，所培育出的产卵王质量会相对提高，还能达到饲养管理的整体目标。

5.3框交尾箱 这是一种小型交尾箱，属于专用交尾箱，如果不是专业育王场使用效率不高。宽和高与标准蜂箱相同，巢脾的大小也与标准巢脾相同，只是长度比标准蜂箱小（图119）。

图119 3框交尾箱

（引自Winter，1980）

（二）小型巢脾交尾箱

小型巢脾交尾箱中的巢脾均比标准蜂箱小，巢脾的大小多与标准巢脾呈倍数关系。小型交尾箱在同等群势下，使蜂巢更接近球形，有利于交尾群的保温。但需要特制蜂箱和巢脾，多应用于专业育王场。

1. 1/2型交尾箱 交尾箱巢脾只有标准巢脾的1/2，蜂箱的大小相当于标准蜂箱的1/4。2张小巢脾可拼接为一个标准巢脾，巢脾事先拼装成标准巢脾放入普通强群中育子和贮存粉蜜。此类交尾群群势较适宜，有利于交尾群的保温。也可将标准蜂箱分隔4个1/2型交尾区（图120a），分别不同方向开设巢门，这种交尾箱不用特制蜂箱。也可用2块闸板将标准蜂箱两侧各分隔出2个巢脾的空间，再将其从中间分隔成1/2脾交尾区，中间区域放正常巢脾（图120b）。

2. 1/4型交尾箱 交尾箱巢脾只有标准巢框的1/4，放2小脾群势约合标准巢脾的0.5足框。这种类型交尾箱的箱型小，省材料，易陈列，可利用不同地形排列，用蜂经济。蜂王交尾产卵后，可重复利用，为专业育王场或育王较多的蜂场常采用。但是，除了具有1/2交尾箱的不足之处外，还因箱型小，群势弱，如管理不善，常为盗蜂所危害。这种交尾群适应期短，只能用于天气温暖而稳定的季节。

a

b

图 120　1/2 型 4 区交尾箱

a. 1/2 型 4 区交尾箱（引自 Laidlaw H.，1993）

b. 两侧分隔 1/2 型 4 区交尾箱

3. 微型交尾箱　为了更经济地利用蜜蜂，近年来交尾箱向更小的方向发展，微型交尾箱只有标准巢框 1/8，甚至 1/20，每个交尾群只有 100～200 只蜜蜂。微型交尾箱的优缺点，都比1/4 交尾更典型。

二、交尾群的组织

群势较强的交尾群，应在诱入王台的前一天午后进行，保持 18～24 小时的无王期。微型交尾群可组织交尾群的同时诱入王台。

组织交尾群应先查找到蜂王，避免将王提入交尾群，同时毁弃巢脾上的王台。另外，应特别注意回蜂问题，在组织时尽可能在交尾区多放入幼蜂和使交尾群蜂多于脾。

（一）标准巢框交尾群的组织

直接从正常蜂群中带蜂提出封盖子脾和粉蜜脾放入交尾群中组成新蜂群。原群也可用闸板分隔出一个交尾小区，将 2 框粉蜜脾和 1 框老熟封盖子脾带蜂放入，用闸板隔出一侧的交尾小区，组织成为交尾群。

1. 原场组织　在工蜂出勤较多的时段组织，可减少交尾群中外勤蜂的比例。从各个强群中提取封盖子脾、粉蜜脾并附着工蜂，分配到各交尾箱中。如果蜂数不够，可从强群中提出小幼虫脾或正在大量出房的封盖子脾，轻轻抖动数下使老蜂飞走后，将剩余的幼青蜂抖入交尾群。原地组织好的交尾群不宜太长时间无王，否则交尾群中的工蜂易偏集到同场有王的蜂群中去，削弱了交尾群的群势。如果蜂王出台前发现蜜蜂飞返过多，可再补入幼青蜂。蜂王出台后不宜再补蜂，以免发生围王，可减少交尾群巢脾，使其蜂脾相称。

2. 外场组织 从各强群中抽出所需的成熟封盖子脾、蜜粉脾和蜜蜂，混合组成10框的无王群，当晚将蜂群随同成熟王台一起运往交尾场。交尾场与原场直线距离至少5千米以上，避免交尾群中外勤蜂返回原场。交尾箱事先排列好，蜂群运到后先喷水使蜜蜂安定，拆下装钉物。每个交尾箱中分别带蜂放入封盖子脾和粉蜜脾各一脾，诱入王台组成交尾群。

（二）小型或微型交尾群的组织

在移虫后10天组织小型或微型交尾群。小型或微型交尾群可在原场组织后，运到与原场直线距离至少5千米以上的外场排放。组织小型或微型交尾群前20天开始，将小巢脾组合成类似标准巢框，放入强群中育子和贮存粉蜜。组织交尾群时从强群中带蜂提取子脾和粉蜜脾，小心地拆分成小巢脾，避免将附着脾上的蜜蜂惊飞。每个交尾箱分配子脾和粉蜜脾各一小框，加上隔板。如果蜂数不足，再从强群内提取蜜蜂，抖入卵虫脾上的蜜蜂补充。组织交尾群的同时直接诱入成熟王台。装钉完毕后关闭巢门，将交尾群运到交尾场地。

三、成熟王台提取和诱入

成熟王台必须在蜂王出台前1～2天诱入交尾群，过早诱台易使王蛹受伤，过迟第一只蜂王出台将毁坏所有王台（图 121）。

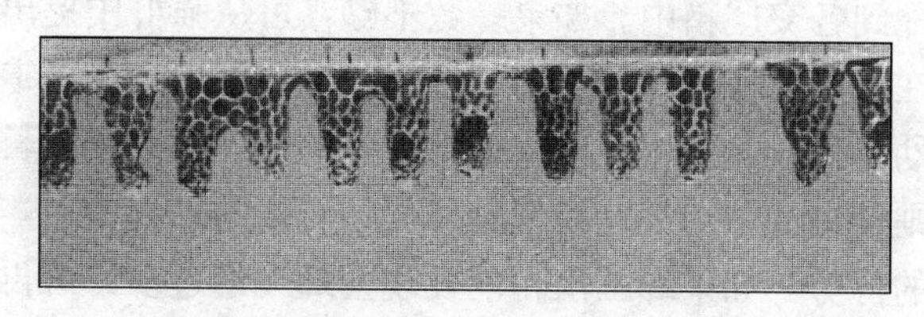

图 121　被出台新王毁坏王台的台基条

（引自 Laidlaw H.，1993）

去除育王框上的蜜蜂只能用蜂刷，不能用抖蜂方法。如果在原场分配，王台数量又不多，提取王台时可不必刷去育王框的蜜蜂，直接用小刀将王台割下诱入交尾群。在诱台过程中，应始终保持王台自然的垂直方向，王台不可倒置或侧放。诱入王台时要注意交尾群必须无王和无王台，同时应将王台放置在靠近子脾、蜜蜂较多的地方。群势较强的交尾群在天气温暖的季节，王台可夹放在两巢脾的上梁之间；群势相对较弱、气温较低的季节，可将中间巢脾的脾面用手指按凹陷，将王台嵌入。大、中型交尾群诱入王台后常遭到破坏，可采用诱台方法加以保护。

四、交尾群排列

交尾群排列直接影响蜂王交配的成功率，蜂王交配失败的主要原因是蜂王婚飞后返巢投入其他蜂群。为了减少蜂王交配后返巢错投，交尾群的排列应尽可能分散，提高各交尾群间区别度。交尾群周围空间应开阔，与相邻的交尾群相距 2～3 米，尽可能使巢门朝不同的方向。交尾群根据地形地势多呈单箱分散排列（图 122a），也可以两箱一组分散排列（图 122b）。如果交尾场的场地较大，也可将交尾箱单箱整齐排列，箱间相距 3 米，列间相距 5 米（图 123a）。还可以将交尾箱固定在墙壁上（图 123b），整齐地排成一列或排成上下两列，列间相距 1.5～2.0 米。巢门上须用蜜蜂比较敏感的颜色和图形标记，以增强处女王的认巢能力。专用交尾箱，特别是小型交尾箱，最好将四壁外面分别漆成黄、青、蓝、白等不同的颜色。交尾箱附近单株灌木和单株长草等不要轻易去除，可以作为自然标记物。微型交尾箱的排列还应编号，绘制位置图，并在交尾箱的位置作上标记，以免挪动后放错位置。

a

b

图 122　交尾群分散排列

a. 单箱分散排列（引自 Free，1982）　b. 两箱一组分散排列

a

b

图 123　交尾群整齐排列

a. 单箱整齐排列（引自 Rodionov，1986）　b. 交尾箱固定在墙壁上

五、检查蜂群及蜂王情况

1. 诱台前一天，检查交尾群有无王台或蜂王以及蜂、子、

蜜、粉等情况是否正常。

2. 诱台后 1～2 天，检查诱入王台的接受情况，是否遭破坏，出台的处女王质量是否合格，并及时取出王台壳，以防蜂王钻入而自囚致死。

3. 出台后 5～10 天，检查处女王交尾、产卵或损失等情况。检查的次数应结合气候和巢外观察而定。检查应避开处女王婚飞的时间，一般宜在午后 5 时左右进行。

4. 出台后 12～13 天，检查新蜂王产卵情况。如气候、蜜源和雄蜂等条件均正常，但蜂王尚未产卵，或产卵不正常，均应剔除。

新王产卵后 3～5 天，或交尾群中巢脾已全部产满卵，应立即提用。小型或微型的交尾群，在蜂王产卵后应立即提用。

六、交尾群的管理

交尾群的管理应保证处女王出台前后的正常发育和顺利交尾产卵。新王产卵后，应在巢门口固定隔王栅片（图 124），以阻止其他蜂王错投，并防止逃群。因交尾群的群势小，应严防盗蜂。一切可能引起盗蜂的因素都要严密控制，如缩小巢门，巢门的大小以能容 1～2 只蜜蜂同时出入即可。如果发现交尾场出现盗蜂，应立即采取防盗措施。交尾群必须保证粉蜜充足，如果外界蜜粉源欠缺，应在傍晚饲喂。在气温较低的季节需注意采取适当的保温措施。在高温季节避免阳光直射，加强通风遮阴。夏季胡蜂和蚂蚁常危害交尾群，应采取措施勤加扑灭。

育王工作完成后，标准巢框交尾群采取合并或补强的方法处理。小型和微型交尾群应将所有的小交尾脾分类合并，连同附着的工蜂组成无王群，转移到大场补充到正常蜂群。交尾群巢脾应置于并入群边脾的外侧，等封盖子完全出房后，取出巢脾妥善保存。如果微型交尾群中子脾很少，可将交尾群放入 1～2 个弱群

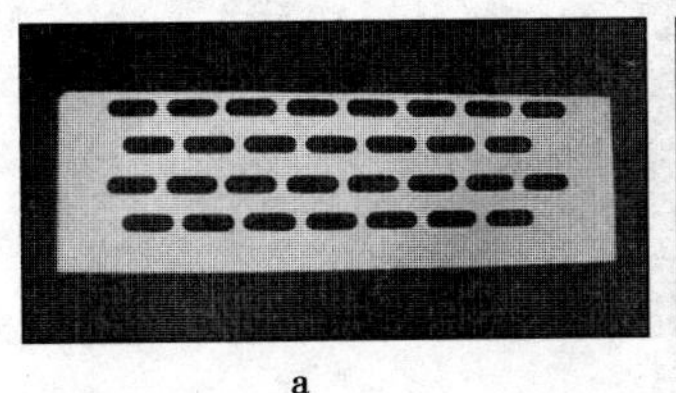
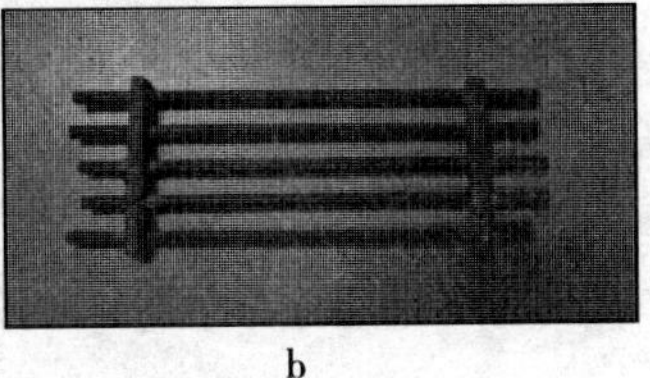

a b

图 124 隔王栅片

a. 塑料隔王栅片 b. 竹丝隔王栅片

中，将交尾群蜂抖尽后撤除交尾箱，使蜜蜂集中于 1～2 箱弱群中。

一般从王台诱入到提用蜂王需 12～15 天。为了缩短一个蜂王的交尾周期，提高交尾群的利用率，可在一只处女王正常交尾的同时，用王台诱入器（图 74）诱入交尾群另一只成熟的封盖王台或用王笼诱入处女王。前一只新蜂王交尾成功、产卵正常提用后，放出囚在王笼内的处女王。同时再用王台诱入器诱入另一只成熟王台。采用这种方法可提高交尾群的利用率，但应适当贮存一些处女王，以补充交尾群囚在王笼中死去的处女王。

第六章 蜜蜂产品生产

我国养蜂生产的经济收入主要依靠蜜蜂产品。养蜂生产的主要产品有蜂蜜、蜂王浆、蜂蜡、蜂花粉、蜂胶、蜂毒、蜜蜂虫蛹等。这些蜜蜂产品根据其来源可分为三类：①由蜜蜂采集并加工后形成的产品，如蜂蜜、蜂花粉、蜂胶等；②由蜜蜂体内腺体分泌的产品，如蜂王浆、蜂蜡、蜂毒等；③蜜蜂虫体，如蜂王幼虫、雄蜂虫蛹等。蜂蜜和蜂蜡是养蜂生产古老的产品，我国养蜂业主要的蜂产品是蜂蜜、蜂王浆、蜂蜡和蜂花粉。此外，蜂胶、蜂毒、蜜蜂虫蛹等蜜蜂产品，也正在开发、研究和利用。所有蜜蜂产品生产，都需要根据蜜蜂生物学特性和外界环境条件，进行科学的蜂群管理和采取特殊的采收技术。

蜜蜂产品的品质和安全是当今养蜂生产倍受关注的问题。蜜蜂产品的品质主要受蜂种、蜜粉源植物、蜜蜂饲养管理技术、蜜蜂产品生产环境影响。例如，蜂王浆的品质受到蜂种的影响很大，蜂蜜、蜂花粉、蜂王浆等产品的品质与蜜粉源的种类和数量有关，蜂蜜的成熟度与蜜蜂饲养强群、控制分蜂热等技术密切相关，阴雨潮湿的环境蜂蜜含水量高，干燥风沙大的环境蜂花粉中含有泥沙等。蜂产品安全的主要问题是蜂产品中蜂药残留、农药残留和有害物质污染。解决蜂药残留的根本方法是选育和使用抗病良种，饲养强群加强蜂群的抗病能力，及时灭杀初发新病的蜂群，做好防疫工作，辅之合理安全用药防治。要慎用抗病、抗螨、抗巢虫巢础，禁止使用混入抗生素等蜂药的巢础造脾。在蜂产品生产前和生产中，应避开喷施农药和有害物质污染的环境。

第一节　分离蜜生产

蜂蜜多指蜜蜂从蜜源植物的花朵蜜腺上采集并携带归巢的花蜜，经过工蜂反复酿造而成的味甜且有黏性、透明或半透明的胶状液体。蜂蜜是一种营养丰富，具有特殊花香的天然甜食品。优质成熟的蜂蜜不允许任何加工，只需过滤包装便可直接食用。蜂蜜受到人们的喜爱，究其原因可能就在于天然性。因此，在蜂蜜的生产和贮运过程中，必须保持蜂蜜的纯洁性和天然性，坚持生产优质成熟蜜，避免污染，杜绝浓缩加工、掺假和掺杂。

蜂蜜产品有两种商品形式，分离蜜和巢蜜（图 125）。我国养蜂生产的蜂蜜，绝大多数都是分离蜜。分离蜜是从成熟蜜脾中分离出来的液态蜂蜜。分离蜜的生产一般是将蜂巢中贮蜜巢脾放置于分蜜机中，通过离心作用使蜂蜜脱离巢脾。山区原始养蜂用压榨蜜脾等其他方法，从贮蜜巢脾分离出来的蜂蜜，也可归入分离蜜。

图 125　巢　蜜

一、采收准备

（一）采收时间的确定

在主要蜜源花期取蜜次数多可以刺激工蜂采蜜的积极性，有利于提高蜂蜜产量。但是，过早过勤地采收，就会影响蜂蜜的成熟度，使蜂蜜含水量高、酶值低、口味差，而且容易发酵变质，不能久存。优质蜂蜜必须成熟，只有蜜脾全部封盖后才可采收（图 126）。应该提倡通过叠加贮蜜继箱的措施，待流蜜期结束后一次性取蜜。采收蜂蜜应避开蜂群的采集活动高峰时段和尽量减少采收新采进的花蜜。采收蜂蜜一般在清晨进行，在上午蜂群开始大量出巢活动前结束。低温季节，为了避免过多影响巢温和蜂子发育，取蜜时间应安排在中午气温较高的时间进行。

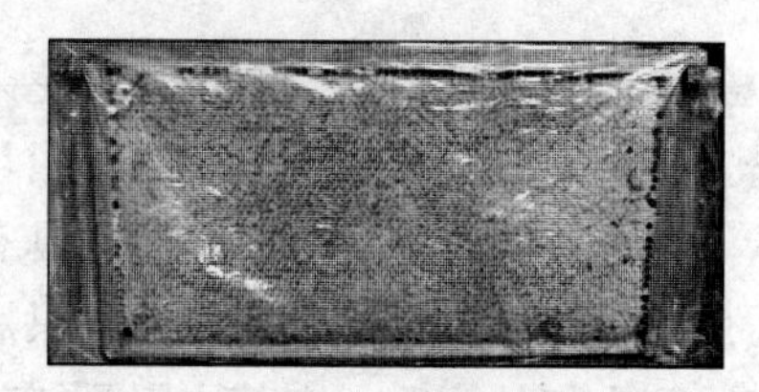

图 126　封盖蜜脾

（二）采收蜂蜜工具的准备

在蜂蜜采收前，应准备好分蜜机、割蜜刀、滤蜜器、蜂刷、蜜桶、提桶、喷烟器、空继箱等工具，必要时还要准备防盗纱帐。蜂蜜是不经消毒直接食用的天然食品，在蜂蜜采收前必须清洗所有与蜂蜜接触的器具，并清理取蜜场所的环境卫生。在养蜂比较发达的国家，大、中型蜂场都专设有取蜜车间，并在取蜜车间配备蜂蜜干燥室，装备起重叉车，用于搬运蜂箱和蜜桶。取蜜车间还装置切蜜盖机、大型电动分蜜机、蜜蜡分离设备、蜜泵、滤蜜器等采蜜设备。随着我国蜂业的发展，国外先进的蜂蜜生产模式对我们具有重要的参考价值。

图 127　取蜜作业

（三）取蜜作业分工

我国养蜂场的规模相对较小，取蜜机械化程度很低，目前大多数仍停留在手工操作。在取蜜作业时，一般3人配合效率最高，1人负责抽脾脱蜂，1人切割蜜盖，这2人还要来回传递巢脾和将空脾归还原箱，另外1人专门负责分离蜂蜜（图127）。

二、采收步骤

分离蜜的采收过程，主要包括脱蜂、切割蜜盖、摇取蜂蜜、过滤和封装。

（一）脱蜂操作

在蜂箱中蜜脾任何时候都附着大量的蜜蜂，采收蜂蜜需先将蜜脾上的蜜蜂去除，这个过程就是脱蜂。主要的脱蜂方法有2种：手工抖蜂和机械脱蜂。我国现阶段养蜂取蜜普遍采用手工抖蜂方法，在养蜂发达的国家普遍应用机械脱蜂。随着我国养蜂规模的提高，机械脱蜂必将成为专业蜂场的脱蜂方式。

1. 手工抖蜂　手工抖蜂就是用手握紧蜜脾的框耳，对准蜂箱内的空处，依靠手腕的力气突然上下迅速抖动4～5下，使蜜蜂猝不及防脱离蜜脾落入蜂箱。抖蜂后，如果脾上仍有少量的蜜蜂，可用蜂刷轻轻地扫除。巢脾满箱的蜂群，在无盗蜂的情况下，脱蜂前可先提出1～2张脾，靠放在蜂箱外侧，或放在预先准备好的空继箱中，蜂箱中留出来的空位置便于抖蜂。抖蜂操作应注意，巢脾要始终保持垂直状态，巢脾不可提得太高，巢脾在提起和抖动时不能碰撞蜂箱的前后壁和两侧巢脾，以防挤压蜜蜂使蜂性凶暴。特别在抖育子区的巢脾时更应加倍小心，以防挤伤蜂王。初学养蜂者，在抖育子区的巢脾时，最好先找到蜂王，把带蜂王的巢脾靠到边上后，再抖其他巢脾。如果蜂性凶暴，可用喷烟器向蜂箱内适当喷烟镇服蜜蜂，待蜜蜂安定后再继续进行操作。箱内喷烟时应注意，不能将烟灰喷入箱内，以免污染脾中贮蜜。

2. 机械脱蜂 机械脱蜂是利用吹蜂机产生的高速气流，将蜜蜂从蜜脾上快速吹落的脱蜂方法。吹蜂机是由小型汽油机、鼓风机、蛇形管、鸭嘴形定向喷嘴组成（图 128a）。鼓风机在汽油发动机的驱动下，产生低压、高速、大排气量的气流，通过蛇形管从定向喷嘴吹出。使用时，将继箱水平或竖立放在继箱架上，手持喷嘴沿着蜜脾间的蜂路顺序移动，蜜脾上的蜜蜂被气流顺继箱架滑道吹落在蜂箱巢门前。吹落的蜜蜂很快会爬回巢内，不会引起蜂场上蜜蜂混乱（图 128b）。

a

b

图 128 机械脱蜂

a. 吹蜂机（Dadant & Sons，1978）

b. 脱蜂至巢前（Elbert，1976）

机械脱蜂快速方便，工效比手工脱蜂方法快几十倍。脱光一个贮蜜继箱中的蜜蜂，一般只需 6～8 秒。现在养蜂比较发达的国家，几乎所有的专业蜂场都采用这种方法脱蜂。

（二）切割蜜盖

切割蜜盖时，将巢脾垂直竖起，割蜜刀齐着巢脾的上框梁由下向上拉锯式徐徐切割。切割蜜盖应小心操作，不得损坏巢房。切割下来的蜜盖用干净的容器盛装，待蜂蜜采收结束再进行蜜蜡分离处理。

蜜蜡分离的常用方法是将蜜盖放置在铁纱或尼龙网上静置，

下面用容器盛接滤出滴下的蜂蜜。从蜜盖中分离出来的蜂蜜，一般杂质较多，不宜混入商品蜂蜜中，可单独存放或作为饲料返喂给蜂群。

（三）分离蜂蜜

切割蜜盖之后，将蜜脾放入分蜜机中的固定框笼中。我国蜂场多使用两框固定式分蜜机。为了使分蜜机框笼在转动时平衡，避免分蜜机不稳定或振动太大，同时放入的两个蜜脾重量应尽量相同，巢脾上梁方向相反。用手摇转分蜜机，最初转速慢，逐渐加快，且用力均匀。摇转的速度不能过快，尤其在分离新脾中的蜂蜜时更应注意，防止巢脾断裂损坏。在脾中贮蜜浓度较高的情况下，由于蜂蜜黏稠度大、不易分离，应先将蜜脾一侧贮蜜摇取一半时，将巢脾翻转，取出另一侧巢房中贮蜜，最后再把原来一侧剩余的贮蜜取出。这样可以避免蜜脾在加速旋转的分蜜机中，朝向分蜜机中一侧的压力过大面造成巢脾损坏。

（四）取蜜后处理

取出的蜂蜜需经双层尼龙纱滤蜜器过滤，除去蜂尸、蜂蜡等杂物，将蜂蜜集中于大口容器中使其澄清。1～2 天后蜜中细小的蜡屑和泡沫等比蜜比重轻的杂质浮到蜂蜜表面，沙粒等较重的异物沉落到底部。把蜂蜜表面浮起的泡沫等取出，去除底层异物，将纯净的蜂蜜装桶封存。分蜜机使用后要及时洗净、晾干。取蜜后及时清理取蜜场所，以防发生盗蜂，尤其是在流蜜后期更应注意。多余的空脾中还残留少量的余蜜，应将这些巢脾放置隔板外侧，让蜜蜂清理干净后撤出。流蜜期后残留余蜜的空脾放置在继箱中清理 2～3 天，每群蜜蜂一次可清理 1～2 个继箱的空巢脾。

分离蜜应按蜂蜜的品种、等级分别装入清洁、涂有无毒树脂的蜂蜜专用铁桶或陶器中（图 129）。在蜂蜜采收和贮运过程中，都应避免与金属过多接触，以防蜂蜜被重金属污染。蜂蜜装桶以80％为宜。蜂蜜装桶过满，在贮运过程中容易溢出。高温季节还易受热胀裂蜜桶。蜂蜜具有很强的吸湿性，蜂蜜装桶后必须封紧，以防蜂蜜吸湿后含水量增高。贮蜜容器上应贴上标签，标注蜂蜜的品种、浓度、重量、产地及取蜜日期等。蜂蜜应选择阴凉、干燥、通风、清洁的场所存放，严禁将蜂蜜与异味或有毒的物品放置在一起。

图 129　贮蜜陶罐

第二节　蜂王浆生产

蜂王浆是我国养蜂最重要的产品之一，也是我国养蜂的特色产品。正常情况下蜂王浆生产不会影响蜂群的发展。由于产浆能够有效地抑制分蜂热，从这个意义上产浆对蜂群的发展、蜂蜜生产等均有一定的促进作用。蜂王浆生产属于典型的劳动密集型工作，劳动强度大，效率低。我国养蜂科技工作者和养蜂生产者多年致力于蜂王浆规模化生产技术，现已取得突破性进展。蜂王浆规模化生产技术的核心是免移虫技术和机械化取浆。

一、蜂王浆生产前准备

蜂王浆生产的准备主要包括产浆群的培育和组织、蜂王浆生产工具的准备、适龄小幼虫的准备。

（一）产浆群培育和产浆群组织

强群是蜂王浆生产的基本条件之一，在产浆前应采取强群越冬、双王群饲养、加强保温、奖励饲喂和防治病虫等一切加速蜂群恢复和发展的措施，使蜜蜂群势尽快达到蜂王浆生产的要求。

产浆群在产浆移虫前 1 天进行。产浆群用隔王栅将蜂巢分隔成无王的产浆区和有王的育子区。产浆区中间放 2 张小幼虫脾，用以吸引哺育蜂在产浆区中心集中，两侧分别放置大幼虫脾、粉蜜脾等，产浆时将产浆框放入 2 张小幼虫脾中间。育子区应保留空脾、正在羽化出房的封盖子脾等有空巢房的巢脾，提供蜂王充足的产卵位置。

蜜蜂群势达 8 足框，可组织成单箱产浆群。用框式隔王栅将巢箱分隔为产浆区和育子区。育子区的大小应根据蜂群的发展需要确定，若需促进蜂群的发展，就应留大育子区，调入空脾抽出刚封盖子脾。蜜蜂群势达 10 足框以上，加继箱组织成继箱产浆群。用平面隔王栅将继箱和巢箱分隔为产浆区和育子区。巢箱和继箱的巢脾数量应大致相等，且排放在蜂箱内的同一侧。

配合规模化产浆群用平面隔王栅将强群上下箱体分隔为两个

a

b

c

图 130 抽屉式产浆框产浆

a. 抽屉式产浆群产浆区在上方

b. 抽屉式产浆群产浆区在下方（胡福良摄）

c. 抽屉式产浆框

区，无王产浆区可以在上方（图 130a），也可在下方（图 130b）。另一个为有蜂王的育子区，产浆框改为抽屉式（图 130c），取出和放入台基条不用打开蜂箱。

（二）产浆工具和用具的准备

产浆常用工具和用具包括产浆框（图 131a）、人工台基（图 131b）、巢脾垫盘（图 131c）、移虫舌（图 118a）、镊子（图 131d）、取浆舌（图 131e）、割台刀（图 131f）、清台器（图 131g、h、i）、贮浆瓶、毛巾等。最新研发的规模化产浆机具主要有江西农业大学曾志将教授研发的免移虫器（图 132a），浙江三庸蜂业科技有限公司研发的取浆机（图 132b）和割台器（图 132c）等。产浆专用工具均可通过养蜂专业期刊《中国蜂业》和《蜜蜂杂志》的广告信息邮购。

（三）适龄小幼虫的准备

培养适龄小幼虫的蜂群要求蜂王产卵力强、适龄哺育蜂多、粉蜜充足。用双王群组织，隔王栅将蜂箱分隔成 2 区，一区为正常育子区，另一区为产浆小幼虫脾的产卵区。产浆小幼虫脾的产卵区调整并保持均为大子脾和大粉蜜脾，很少有空巢房。在移虫前 4～5 天加入一张褐色空脾，使蜂王在该脾上集中产卵。也可在产浆小幼虫脾的产卵区将褐色空脾和蜂王放入蜂王产卵控制器（图 113）中，限制蜂王在此脾上产卵。根据取浆移虫的周期，每隔 3 天将该卵虫脾取出放入另一侧的育子区或其他哺育力强的蜂群，原位再放入一张供蜂王集中产卵的巢脾。

二、产浆操作

蜂王浆生产的操作过程包括产浆框制作、修台、移虫和补移、取浆、清台等。

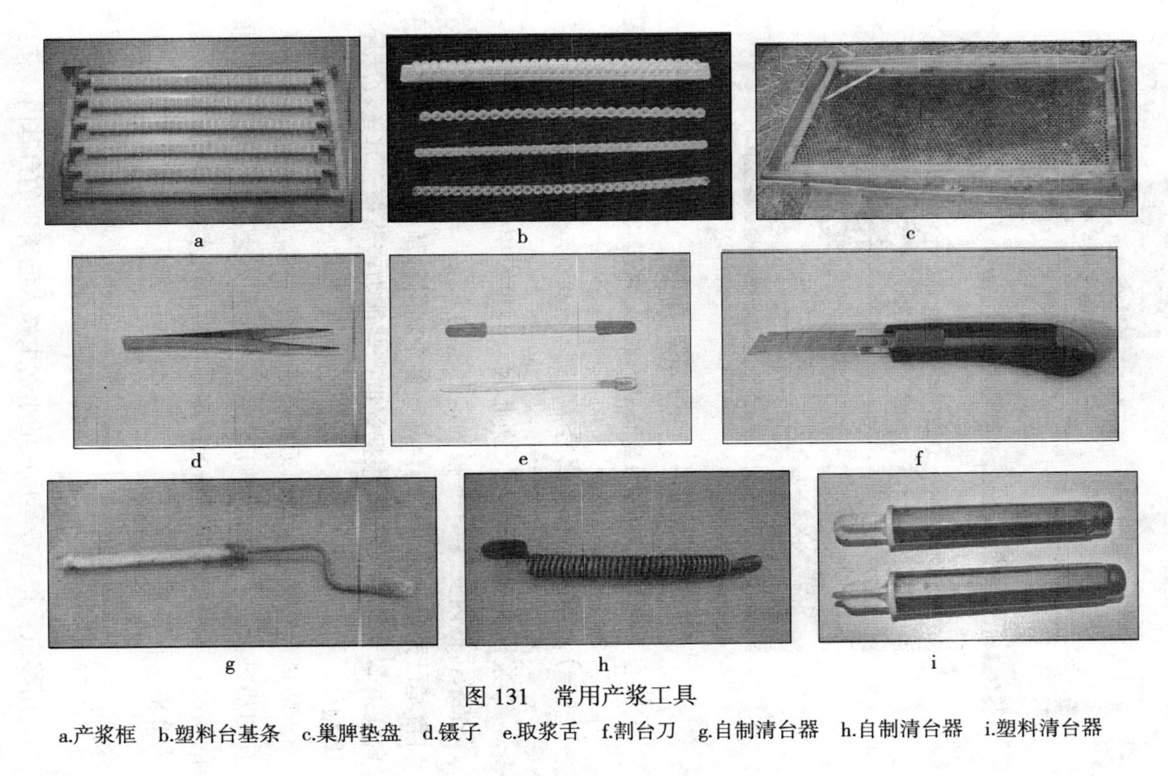

图 131 常用产浆工具

a.产浆框 b.塑料台基条 c.巢脾垫盘 d.镊子 e.取浆舌 f.割台刀 g.自制清台器 h.自制清台器 i.塑料清台器

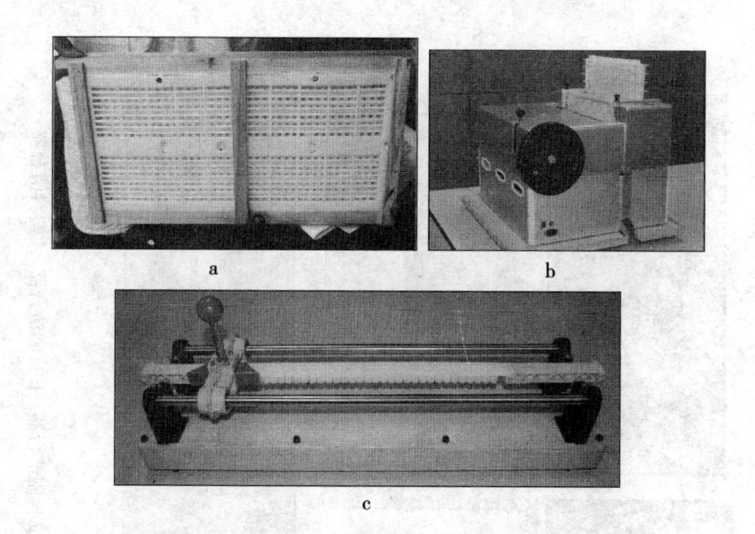

图 132 规模化产浆机具
a. 免移虫器 b. 取浆机 c. 割台器

（一）产浆框制作和修台

产浆框多用木条钉制，外形尺寸与巢框相似，木条厚度10～15 毫米，框内安装 4～5 根固定台基的木条。蜂王浆的生产中塑料台基已完全取代了蜂蜡台基，多个塑料台基组成台基条，每根台基条 25～33 个台基。根据蜂群产浆能力产浆框台基条数量4～10 根。

塑料台基在使用前，须先经蜂群清理修整 1 天后才能移虫。有的塑料台基可能是生产工艺原因，台基内表面有一层类似油脂的物质，可用温水加洗涤剂浸泡后，再用清水反复冲洗干净，放入蜂群中再清理。

（二）移虫和补移

用移虫舌将工蜂巢房中的小幼虫移入已清理的台基内。移虫技术是蜂王浆生产的重要环节，与移虫接受率和蜂王浆产量密切相关。移虫要求操作准确、快速，虫龄一致。移虫需要在明亮、清洁、温暖、无灰尘的场所进行，避免太阳光线直射幼虫。挑选褐色巢脾中的适龄工蜂小幼虫，脱蜂后平放在巢脾垫盘中，也可用清洁的隔板替代。移虫采用坐姿，小幼虫脾放在巢脾垫盘中或隔板上，然后再放在腿上操作（图133）。移虫是将移虫舌的前端牛角片，沿工蜂小幼虫的巢房壁深入巢房底部，再沿巢房壁从原路退回，小幼虫应在移虫舌的舌尖部。将移虫舌的端部放入台基的底部，轻推移虫舌的舌杆将小幼虫放入台基的底部。移虫速度应快，一般情况下移虫 100 个台需要 3～5 分钟。移虫速度影响移入幼虫的接受率。

图 133　移虫操作

第一次移虫的产浆框往往接受率较低。移虫第二天在未接受的王台中再移入与其他台基内同龄的工蜂小幼虫，这就是补移。移虫第二天检查，如果接受率不低于 80%可不进行补移。接受率低于 80%，需将产浆框上的蜜蜂脱除，将未接受的蜂蜡台基口扩展开，或将塑料台基中的残蜡清除干净，然后再移入工蜂小幼虫。

（三）取浆

取浆时必须注意个人卫生和环境卫生，需要接触蜂王浆的工具和容器必须清洗干净。

打开产浆群的箱盖和副盖，提出产浆框。手提产浆框侧条下端，使台口向上，轻轻抖落蜜蜂，产浆框上剩余少量的蜜蜂用蜂刷扫除。产浆框脱蜂不宜重抖，以免台中的幼虫移位，蜂王浆散开，不便操作。产浆框取出后尽快将台中的幼虫取出，以减少幼虫在王台中继续消耗蜂王浆。将产浆框立起，用锋利的割台刀将台口加高的部分割除（图 134）。割台时应小心，避免割破幼虫。幼虫的体液进入蜂王浆中将产生许多小泡，感官上与蜂王浆发酵相似。

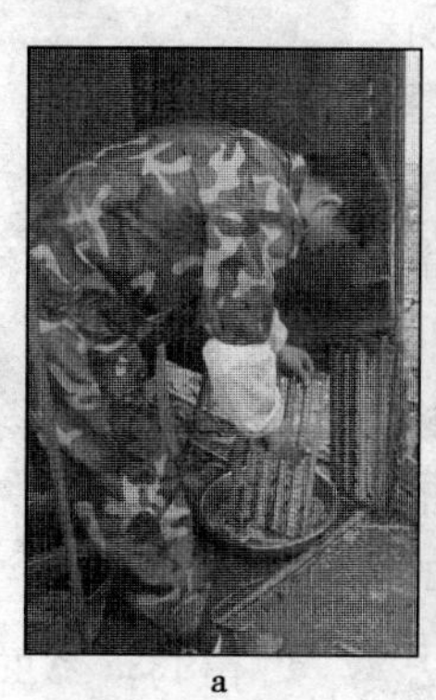
a

b

图 134 割　台

a. 割台操作　b. 割台后的产浆框

割台后，放平产浆框，将台基条的台口向上，用镊子将幼虫从台中取出。取幼虫时应按顺序，避免遗漏。取浆呈坐姿，多用取浆舌挖取蜂王浆（图 135）。力争将台基内的蜂王浆取尽，以

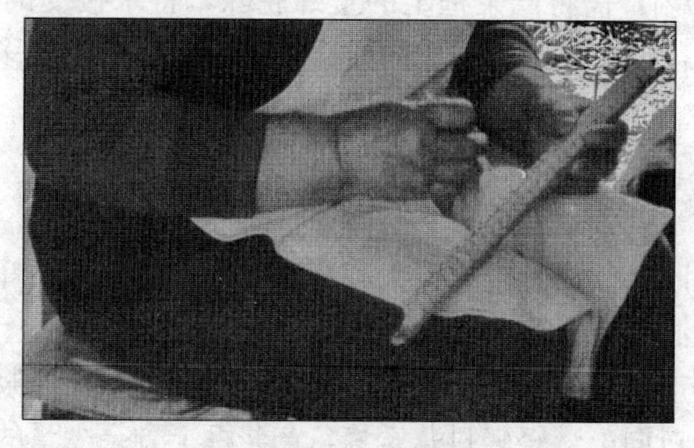

图 135 取　浆

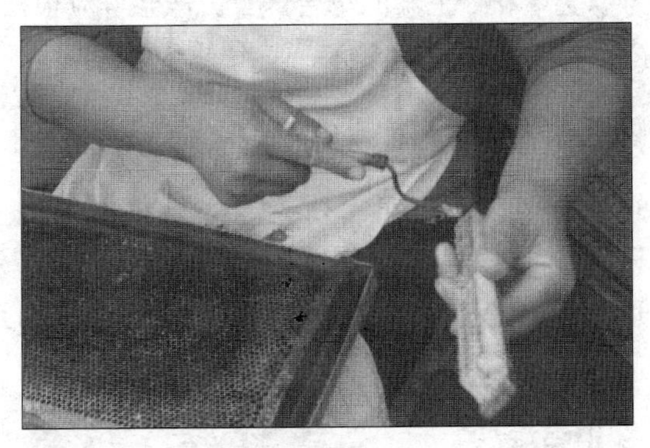

图136　清　台

防残留的蜂王浆干燥后，影响下一次产浆的质量。随着养蜂规模的扩大，机械取浆必将取代手工取浆。取浆后还需用清台器浆台基内的赘蜡等异物清理干净（图136），然后再移虫进行下一周期的产浆。

三、产浆群管理

产浆群管理的重点是保持粉蜜充足、促进蜂王产卵、大量培育潜在的哺育蜂、保持强群和蜂脾相称。

（一）粉蜜充足

蜂王浆生产必须保证产浆群内粉蜜充足，因为饲料缺乏的蜂群是不能产浆的。定地饲养的蜂群应结合小转地，选择粉蜜源丰富的场地放蜂。如果外界粉蜜源不足，就需及时补饲糖液和蛋白质饲料。

（二）适当密集

产浆群适当地密集群势，有助于产浆框上哺育蜂相对集中。同时，密集的蜂群产生轻微的分蜂热有利于促进蜂群泌浆育王、提高移虫的接受率和蜂王浆的单台产量。产浆群应根据外界气温条件，保持蜂多于脾或蜂脾相称。

（三）产浆框两侧巢脾的排列

较弱的蜂群产浆或者第一次产浆，产浆框两侧应排放小幼虫脾，以吸引哺育蜂在产浆框附近形成哺育区；外界蜜粉源丰富，产浆群强盛，产浆框两侧排放任何巢脾对产浆均无影响。

（四）保持强群

蜂王浆生产期间应采取促进蜂群发展的技术措施，维持强群，始终保持蜂群内有大量的适龄哺育蜂。如果蜂王产卵力下降，应及时更换蜂王。

（五）奖励饲喂

在外界蜜源较少时，连续的奖励饲喂能够刺激哺育蜂积极泌浆育王，能够显著提高移虫的接受率和蜂王浆的产量。

（六）连续产浆

产浆期间，在产浆框附近形成了哺育区，如果中断产浆，产浆框附近的哺育蜂分散，重新移虫产浆时，再聚集适龄哺育蜂需要一定的时间。因此，蜂王浆生产不能无故中断。

（七）及时毁除分蜂王台和改造王台

在育子区中可能出现分蜂王台，分蜂王台封盖后应容易发生自然分蜂。将子脾从有蜂王巢箱调整到无蜂王的继箱，易发生改造王台。如果管理不慎改造王台的处女王出台，则有可能处女王通过隔王栅到巢箱将产卵王咬死。无论出现上述哪种情况对蜂王浆生产都是不利的。蜂王浆生产期间，育子区应每隔5～7天毁尽一次分蜂台，将子脾从巢箱提入继箱后7～9天尽毁改造王台。

四、蜂王浆的高产措施

（一）选育和引进蜂王浆优质高产蜂种

蜂群经过长期定向选育，能够加强突出表现某一性状，并能使这些优良的性状具有一定的遗传力。美国的明尼苏达大学在20世纪30年代以22群蜜蜂为基础，在没有任何隔离的条件下，经过连续数代选育蜂蜜高产蜂群，使单产62.2千克提高到180.7千克我国浙江的养蜂工作者和生产者，通过20多年的蜂王浆高产定向选育，培养出蜂王浆高产蜂种，使蜂王浆单产从20～30克提高到200～300克。除高产外，产浆蜂种选育还需要注重10-羟基癸烯酸（10-HDA）含量。

（二）加大台基和选择台基类型

塑料台基的上口直径有9.0毫米、9.4毫米、9.8毫米、11.0毫米等几种，产浆能力强时选用9.8毫米、11.0毫米等口径较大的台基，产浆能力下降时选用9.0毫米、9.4毫米口径较小的台基。产浆能力低的蜂群用较大口径的台基，影响移虫接受率。

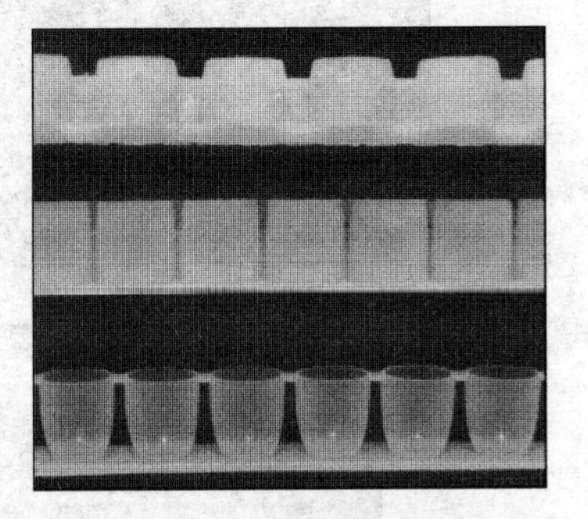

图137　塑料台基类型
上：坛形台基　中：直筒形台基
下：锥形台基

塑料台基有三种类型（图137），即上口大、下底小的锥形台基，上口和下底等径的直筒形台基，上口和下底等径、中间较粗的坛形台基。在产浆量高的季节，坛形台基产浆量最高，直筒形台基次之，锥形台基最少。在产浆量不高时，锥形台基移虫接受率最高、直筒形台基次之，坛形台基最低。

第三节　蜂花粉的生产

蜂花粉作为商品生产，在我国始于20世纪70年代，现在已逐渐成为养蜂生产的主要产品。在粉源丰富的地方开展蜂花粉生产，尤其是在蜜源不足而粉源丰富的季节，可以提高养蜂生产的产值。同时，采收蜂花粉既有利于解除粉压子脾的问题，又能在缺乏粉源的季节，把采收下来的蜂花粉返饲给蜂群，促进蜂群增长和蜂王浆生产。

一、脱粉方法

（一）脱粉器选择

脱粉器是采收蜂花粉的工具。脱粉器的类型比较多，各类脱

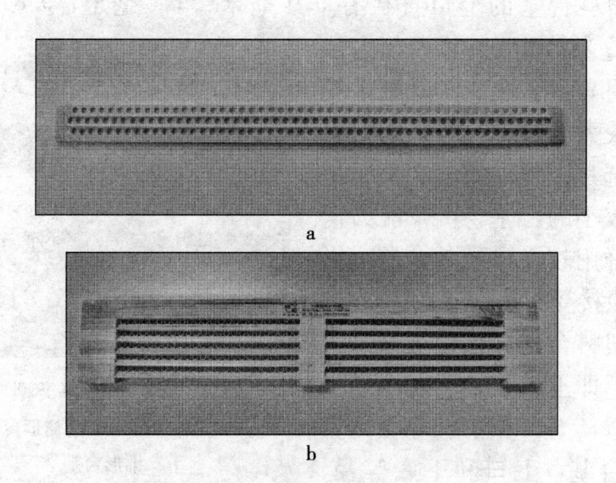

a

b

图138　脱粉孔板

a. 塑料脱粉孔板　b. 木质钢丝脱粉孔板

粉器主要由脱粉孔板和集粉盒两大部分构成。脱粉孔板已有专业厂家生产，主要有塑料开模塑制（图 138a）和木质框架钢丝孔组合（图 138b）两类。集粉盒多用浅盘式容器替代，或用白布或纸张铺在巢前承接（图 139），也有用塑料压塑专用集粉盒（图 140）。此外，有的脱粉器还设有脱蜂器、落粉板、外壳等构造（图 141）。

图 139　用纸张在巢门前承接蜂花粉

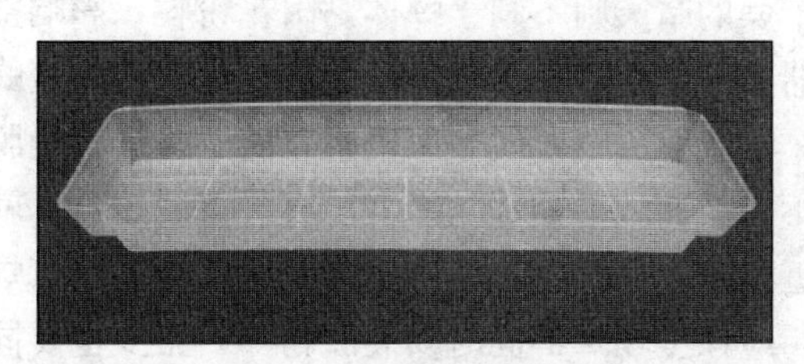

图 140　专用塑料集粉盒

脱粉器的脱粉效果，关键在于脱粉孔板上脱粉孔的孔径大小。在选择使用脱粉器时，脱粉孔板的孔径应根据蜂体的大小、脱粉孔板的材料，以及加工制造方法决定。选择脱粉器的原则是既不能损伤蜜蜂，使蜜蜂进出巢比较自如，又要保证脱粉效果达75%以上。脱粉孔的孔径，西方蜜蜂为 4.5～5.0 毫米，一般情况下 4.7 毫米最合适；东方蜜蜂应使用 4.2～4.5 毫米孔径的脱粉器。

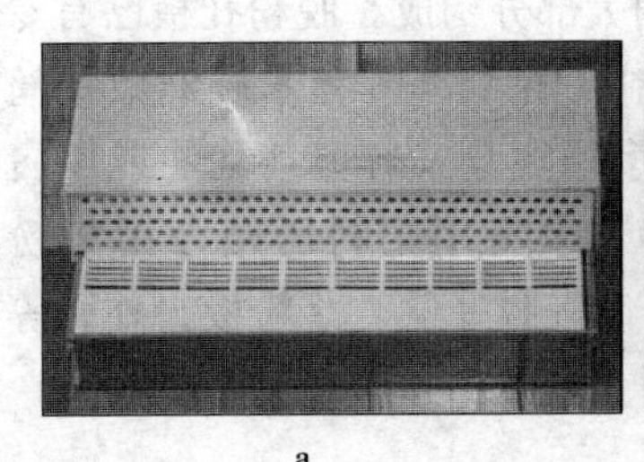

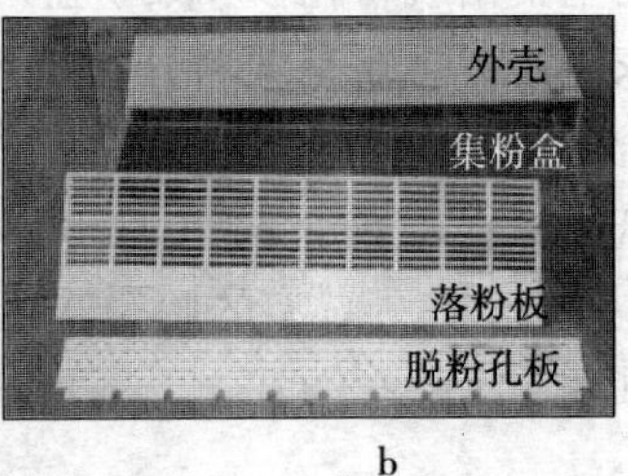

a　　　　b

图 141　巢门脱粉器

a. 组装后的巢门脱粉器　b. 未组装的巢门脱粉器

（二）脱粉器安装

当蜂群大量采进蜂花粉时，将蜂箱前的巢门档取下，在巢门前安装脱粉器进行蜂花粉生产。脱粉器的安装应在蜜蜂采粉较多时段进行。各种粉源植物花药开裂的时间有所不同，多数粉源植物花朵散粉都在早晨和上午。雨后初晴或阴天湿润的天气蜜蜂采粉较多，干燥的晴天则不利于蜂体黏附花粉粒，影响蜜蜂采集花粉。脱粉器的安装应严密，要保证使所有进出巢的蜜蜂都必须通过脱粉孔。刚装置脱粉器时，采集归巢的工蜂进巢受脱粉孔板的阻碍，很不习惯。如果相邻的蜂群没有装置脱粉器，就会出现采集蜂向附近没有脱粉蜂群偏集，造成蜂群管理上的麻烦。在生产蜂花粉时，应该全场蜂群同时安装脱粉器，至少也要同一排的蜂群同时脱粉。使用金属脱粉孔板的脱粉器，蜂箱的巢门宜朝向西南方向。蜂花粉生产一般都在湿度较大的上午进行。如果按一般的蜂箱排放，巢门向东或东南，上午的阳光就会直射巢门，使金属脱粉器被太阳晒得过热，采粉归巢的工蜂不肯接触晒热的脱粉器，而在巢门前徘徊不肯进巢。为了避免这种情况，上午脱粉的蜂群应逐渐调整蜂箱，使巢门转向西南。

脱粉器放置在蜂箱巢门前时间的长短，可根据蜂群巢内的花粉贮存量、蜂群的日采进花粉量决定。蜂群采进的花粉数量多、巢内贮粉充足时，可相对长一些。脱粉的强度以不影响蜂群的正常发展为度。一般情况下，每天的脱粉时间为 1～3 小时。

二、高产措施

蜂花粉生产应根据有关蜜蜂采集花粉的生物学特性进行管理蜂群。为了提高蜂花粉的产量，在生产过程中，可采取以下措施。

（一）选择粉源丰富的放蜂场地

粉源丰富是蜂花粉生产的前提条件。蜂花粉生产应尽量选择大面积种植油菜、紫云英、蚕豆、玉米、向日葵、荞麦、茶花等粉源丰富的场地放蜂。放蜂场地应选在粉源的下风头，在山区蜂群最好放在山脚下，以减少工蜂采集归巢时体力的消耗，节约采集途中时间，提高蜂花粉的产量。

（二）培育大量适龄的采粉蜂

蜜蜂采集花粉，首先要靠身体上的绒毛黏附。因此，采粉蜂多为采集初期的青壮工蜂。在蜂花粉生产季节，为了保证蜂群有大量的适龄采粉工蜂，需提前 45 天开始促王产卵，大量培育适龄采粉蜂。

（三）保持适当的群势

养蜂生产普遍的规律是在能够控制分蜂的前提下，蜜蜂的群势越强其生产能力也越强，蜂蜜、蜂王浆、蜂蜡、蜂胶、蜂毒、蜜蜂虫蛹等产品的生产都是如此。弱群也不宜用来生产蜂花粉，但是群势强盛的蜂群也不适合蜂花粉生产。安装脱粉器后，强群会造成巢门前不同程度的拥挤，降低了采粉效率，无法发挥强群的采集优势。为了保证蜂花粉的生产效率，在脱粉之前应把蜂群的群势调整到8～10足框。

（四）保持贮蜜充足

蜜蜂能根据蜂群的需要调节采集粉蜜的比例。如果巢内贮蜜不足，就会使一部分采粉蜂应急去寻找采集花蜜。当外界流蜜较少、粉源又充足的条件下，工蜂采粉效率比采蜜高。在这种情况下，就应保持巢内贮蜜充足，促使蜂群中大量的蜜蜂采集花粉。奖励饲喂是蜂花粉的增产措施之一，奖励饲喂既有利于补充巢内贮蜜、促进蜂王产卵、工蜂育子，也有利于刺激工蜂出巢采集。

（五）保持蜂王旺盛的产卵力

蜂花粉是蜜蜂幼虫生长发育、工蜂王浆腺发育等不可缺少的蛋白质饲料，只有在蜂群中卵虫多的情况下，蜜蜂才本能地大量采集花粉。卵虫少或无卵虫的蜂群很少采粉，生产蜂花粉的蜂群必须有大量的卵虫。无王群和处女王群不宜作为蜂花粉生产群。为了保证蜂花粉生产群有一定数量的卵虫，就需要产卵旺盛的蜂王。采粉群应及时淘汰老劣蜂王，换产卵力强的新蜂王。

（六）巢内贮粉适当

蜂群巢内贮粉过多，对花粉的需求基本满足，蜜蜂就不再积极地采粉。只有在巢内贮粉略不足时，才会促使大量的工蜂投入采粉活动。但是，巢内贮粉不足时蜂群会本能地限制蜂王产卵，甚至拔除正在发育的卵虫，使巢内卵虫减少。卵虫减少又会影响蜂群采粉积极性。蜂花粉生产群巢内贮粉量应控制在不影响蜂群正常增长为度。在粉源丰富的季节，脱粉应连续进行。

三、蜂花粉的干燥

新采收下来的蜂花粉含水量很高，常为20%～30%。采收后如果不及时处理，蜂花粉很容易发霉变质。因此，新鲜蜂花粉采收后应及时进行干燥处理。

（一）日晒干燥

将新鲜蜂花粉薄薄地摊放在翻过来的蜂箱大盖中，或摊放在竹席、木板等平面物体上，置于阳光下晾晒。这种干燥方法简单，无需特殊设备，被大多数蜂场所采纳，尤其是转地蜂场。但是日晒干燥的明显不足之处就是蜂花粉的营养成分破坏较多，易受杂菌污染。此外，日晒干燥还受到天气的限制。为了减少阳光对蜂花粉营养和活性的破坏，避免杂菌和灰尘污染，在晾晒的蜂花粉上应覆盖1～2层棉纱布。

（二）自然干燥

将少量的新鲜蜂花粉置于铁纱副盖上或特制大面积细纱网上，薄薄地摊开，厚度不超过20毫米，放在干燥通风的地方自然风干。有条件还可用电风扇等进行辅助通风。在晾干过程中，蜂花粉需要经常翻动。自然干燥同样也需要防止灰尘和细菌污染。这种干燥处理方法，具有日晒干燥的优点，并能减少因日晒造成蜂花粉的营养损失和活性降低。但是，自然干燥需要的时间较长，且干燥的程度也往往不如日晒干燥。

（三）恒温干燥箱烘干

将恒温干燥箱的箱内温度调整稳定在43～46℃，再把新鲜的蜂花粉放入烘干箱中6～10小时。用远红外恒温干燥箱烘干蜂花具有省工、省力、干燥快、质量好等优点，但要求设备和电源。

第四节　蜂胶的生产

蜂胶是工蜂从某些植物的幼芽、树皮上采集的树胶或树脂，混入工蜂上颚腺的分泌物等携带归巢的胶状物质。从事采胶的蜜蜂多为较老的工蜂。在胶源丰富的地区，大流蜜期后利用蜂群内的老工蜂生产蜂胶，可以充分利用蜂群生产力创造价值。

一、蜂胶生产概述

不同蜂种和品种的蜜蜂采胶能力不同，高加索蜜蜂采胶能力最强，意大利蜜蜂和欧洲黑蜂次之，卡尼鄂拉蜜蜂和东北黑蜂最差。杂交蜂中，含有高加索蜜蜂血统的蜂群，通常也能表现出较强的采胶能力。中华蜜蜂不采集和使用蜂胶。专业生产蜂胶的蜂场，应注意蜂种的选择。

蜂胶的颜色与胶源种类有关，多为黄褐色、棕褐色、灰褐色，有时带有青绿色，少数蜂胶色泽深近黑色。在缺乏胶源的地区，蜜蜂常采集如染料、沥青、矿物油等作为胶源的替代物。如果采收蜂胶时，发现色泽特殊的蜂胶应分别收存，经仔细化验、鉴别后再使用。

蜂群集胶特点是蜂巢上方集胶最多，其次为框梁、箱壁、隔板、巢门等位置。蜜蜂积极用蜂胶填补缝隙的宽度为1.0～3.0毫米，这些特性为设计集胶器提供科学依据。

二、蜂胶的生产方法

蜂胶生产方法主要有3种：结合蜂群管理刮取，利用覆布、尼龙纱和双层纱盖等收取，利用集胶器集取蜂胶。

（一）结合蜂群管理刮取

这是最简单最原始的采胶方法，直接从蜂箱中的覆布、巢框上梁、副盖等蜂胶聚集较多的地方刮取。在开箱检查管理蜂群时，开启副盖、提出巢脾，随手刮取收集蜂胶。这种方法收集的蜂胶质量较差，必须及时去除赘脾、蜂尸、蜡瘤、木屑等杂物。也可以将积有较多蜂胶的隔王栅、铁纱副盖等换下来，保存在清洁的场所，等气温下降、蜂胶变硬变脆时，放在干净的报纸上，用小锤或起刮刀等轻轻地敲落。

（二）利用覆布、尼龙纱、双层纱盖产胶

用优质较厚的白布、麻布、帆布等作为集胶覆布，盖在副盖或隔王栅下方的巢脾上梁，并在框梁上横放两三根细木条或小树枝，使覆布与框梁之间保持2～3毫米的缝隙，供蜜蜂在覆布和框梁之间填充蜂胶。取胶时把覆布上的蜂胶在日光下晒软后，用起刮刀刮取蜂胶，也可以放入冰箱待蜂胶变硬变脆轻轻地敲打。取胶后覆布放回蜂箱原位继续集胶。覆布放回蜂箱时，应注意将沾有蜂胶的一面朝下，保持蜂胶只在覆布的一面。放在隔王栅下方的覆布不能将隔王栅全部遮住，应留下100毫米的通道，以便于蜜蜂在巢箱和继箱间的通行。炎热夏季可用尼龙纱代替覆布集胶。当尼龙纱集满蜂胶后，放入冰箱等低温环境中，使蜂胶变硬变脆后，将尼龙纱卷成卷，然后用木棒敲打，蜂胶就会呈块状脱落，进一步揉搓就会取尽蜂胶。

双层纱盖取胶，就是利用蜜蜂常在铁纱副盖上填积蜂胶的特点，用图钉将普通铁纱副盖无铁纱的一面钉上尼龙纱，形成双层纱盖。将纱盖尼龙纱的一面朝向箱内，使蜜蜂在尼龙纱上集胶。

（三）集胶器产胶

集胶器主要是根据蜜蜂在巢内集胶的生物特性设计的蜂胶生产工具，用以提高蜂胶的产量和质量。集胶器有很多栅条状缝隙，促使蜜蜂在集胶器的缝隙中填充蜂胶。市场上出售的集胶器主要用塑料和竹木制成。塑料副盖集胶器正面（图142a）的缝隙比反面（图142b）大，以使蜜蜂填充更多的蜂胶，塑料集胶器反面的缝隙宽度为3.0毫米。竹丝副盖集胶器（图142c）用

木料制成副盖框架，木框内镶嵌竹丝，竹丝间的缝隙宽度为3.0毫米。副盖集胶器使用时取下副盖，用副盖集胶器替代副盖，在副盖集胶器上覆盖白色覆布。塑料副盖集胶器应正面向下放置。

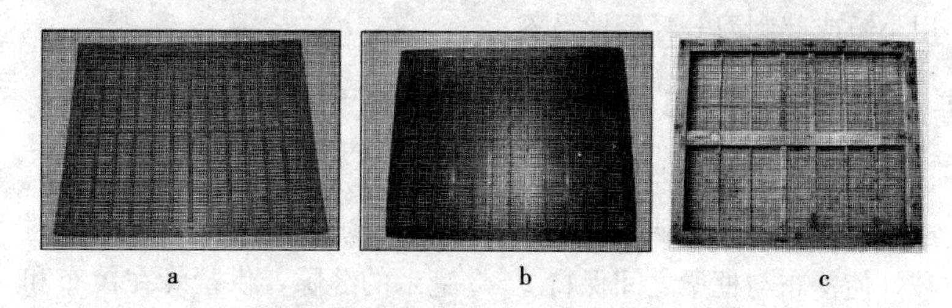

a　　　　b　　　　c

图142　副盖集胶器

a. 塑料副盖集胶器正面　b. 塑料副盖集胶器反面

c. 竹丝副盖集胶器

三、注意事项

1. 采收蜂胶时应注意清洁卫生，不能将蜂胶随意乱放。蜂胶内不可混入泥沙、蜂蜡、蜂尸、木屑等杂物。在蜂巢内各部位收取的蜂胶质量不同，故在不同部位收取的蜂胶应分别存放。

2. 蜂胶生产应避开蜂群的增长期、交尾群、新分出群、换新王群等，因为在这些情况下蜂群泌蜡积极，易使蜂胶中的蜂蜡含量过高。蜂蜡是蜂胶中无效成分。采收蜂胶前，应先将赘脾、蜡瘤等清理干净，以免蜂胶中混入较多的蜂蜡。

3. 在生产蜂胶期间，蜂群应避免用药，以防药物污染蜂胶。为了防止蜂胶中有效成分的破坏，蜂胶在采收时不可用水煮或长时间地日晒。

4. 为了减少蜂胶中芳香物质的挥发，采收后蜂胶应及时用无毒塑料袋封装，并标明采收的时间、地点和胶源树种。

5. 蜂胶应存放在清洁、荫凉、避光、通风、干燥、无异味、20℃以下的地方，不可与化肥、农药、化学试剂等有毒物质存放在一起。

第五节　蜂蜡生产

蜂蜡生产创造蜜蜂积极泌蜡造脾的条件，促使蜂群多修造巢脾，在日常蜂群管理中注意收集赘脾、蜜盖、产浆割台等零星碎蜡。

一、蜂蜡生产方法

（一）多造巢脾

在蜜粉源丰富的季节抓住有利于蜂群泌蜡造脾的时机淘汰旧脾、多造新脾，这是蜂蜡生产的主要途径。淘汰的旧巢脾应妥善保管或及时熔化提炼蜂蜡，以防巢虫蛀食。

（二）收集蜜盖

在流蜜期中放宽贮蜜区的脾间蜂路，使巢脾上蜜房封盖加高突出。取蜜时，割下突出的蜜房蜡盖，收集后进行蜜蜡分离处理。蜜盖蜂蜡质量比较好，应单独收集存放。

（三）采蜡巢框

采蜡巢框用普通巢框改制（图143），先把巢框的上梁拆下，在侧条上部的1/3处，钉上一根横木条。在巢框侧条顶端各钉上一块坚固的铁皮作为框耳，巢框上梁放在铁皮框耳上。采蜡巢框上部用于采收蜂蜡，下部仍镶装巢础供蜂群造脾。视外界蜜粉源条件和蜜蜂的群势大小，每群蜜蜂可酌放

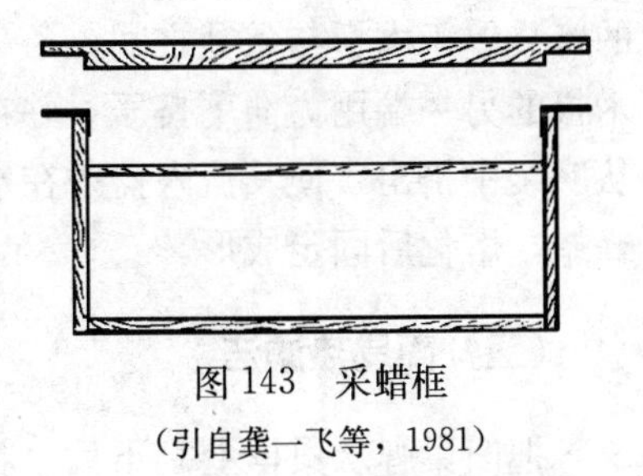

图143　采蜡框

（引自龚一飞等，1981）

2～5个采蜡巢框。等采蜡巢框上部的脾造好后，就可将上梁取下割脾收蜡。割脾时最好在上梁的下方留下一行巢房，不要将脾全部割尽，以吸引蜂群在此基础上快速填造。采蜡后，再把采蜡框放回蜂群继续生产。

二、蜂蜡提炼

为了防止蜂蜡颜色变深降低蜂蜡等级，在收集蜂蜡原料时应尽可能避免混入蜂胶等杂质。旧巢脾化蜡前，先将巢脾中的铁丝剔除，然后整碎成小块，浸入水中数天，漂洗2～3遍后再进行化蜡。新采收的赘脾和采蜡框上采下的蜂蜡比旧脾的蜂蜡质量好，应单独存放，分别提炼。加热压榨蜂蜡时，温度不能超过85℃。提炼后的成品蜂蜡应按质量标准分类，贮存于干燥通风处。

（一）简易热压法

把旧巢脾、碎蜡等原料装入小麻袋中，扎住袋口，放入大锅中加水烧煮。麻袋中蜂蜡受热熔化成蜡液，渗出麻袋浮在水面。煮沸半小时左右提出麻袋，使锅中的蜡液和水冷却，等水面上蜂蜡凝固后，刮去底部的杂质，即可行得到纯蜂蜡。麻袋从锅中取出后，立即趁热用简易压蜡工具把旧巢脾中剩余的蜂蜡从麻袋中挤压出来。一般的简易压蜡工具可用大约2米长、200毫米宽、30～50毫米厚的木板，一端用绳绑在条凳的端部，把装有蜡渣的麻袋置于木板与条凳之间，条凳下放一个盛水的大盆。然后在木板的另一端用力向下挤压，并在挤压的同时拧紧麻袋，将蜡液从麻袋中挤出，使其流入盆中在水面上凝固。最后收集水面上的蜂蜡，熔化后固定成形。

（二）简易热滤法

把旧巢脾从巢框上割下后，将去除铁丝的巢脾放入大锅中。

锅中添水加热煮沸，充分搅拌蜂蜡熔化后浮在水面。在锅中压入一块铁纱，把比水轻的茧衣、木屑、草棍等杂质压在锅底层，使蜡液和杂质分开。把锅中上层带有蜡液的水取出，放入盛凉水的容器中。带有蜡液的水取出后，锅中的蜡渣可再加水煮沸。最后将水中的蜂蜡集中加热熔化，再冷却凝固成形。

（三）机械榨蜡

机械榨蜡是利用榨蜡器进行提炼蜂蜡的方法。机械榨蜡使用的设备主要是螺旋榨蜡器。其构造由螺旋压榨杆、铁架、圆形压榨桶以及上挤板和下挤板等部件组成。榨蜡时，把煮透的旧巢脾、碎蜡屑等原料装入麻袋或尼龙编织袋中，放入压榨桶中的下挤板上，盖好上挤板，然后旋转螺旋压榨杆，对上挤板和下挤板逐渐施加压力。熔化的蜂蜡逐渐被挤出麻袋，经压榨桶底的出蜡口流入盛水的容器中。为了提高机械榨蜡的效率，可顺着压榨桶的桶壁槽，导入蒸汽管到桶的底部，防止蜡液在压榨过程中凝固。

第六节 蜜蜂蛹、幼虫的生产

作为养蜂商品的蜜蜂虫蛹，多指雄蜂蛹和蜂王幼虫。蜂王幼虫到现在为止，只是作为蜂王浆生产的副产品，加以收集利用，还没有形成规模生产。工蜂蛹也可以成为商品，但是，由于工蜂是蜂群中的生产力，并且工蜂蛹的个体大小、产量、外观都逊色于雄蜂蛹。

一、雄蜂蛹培育

作为商品雄蜂蛹，要求日龄一致，蛹体外观整齐，呈乳白色或淡黄色，保持完整头部。生产大批日龄一致的商品雄蜂蛹，必须备有充足的优质雄蜂巢脾，并需组织相应数量的产卵群和哺育群。

（一）雄蜂巢脾的修造

生产雄蜂蛹每群需配备 6 张以上的雄蜂巢脾，理想的雄蜂巢脾要求脾面平整、无破损、无工蜂巢房，并培育过 2 批雄蜂。修造雄蜂巢脾应具备外界蜜粉源丰富，巢内粉蜜贮备充足，群强子旺，略有分蜂热等条件。修造雄蜂巢脾的蜂群至少应 10 足框以上，保证巢内饲料充足，并加强奖励饲喂。雄蜂巢脾修造完成后，如不急用也必须使新脾培育 2～3 批雄蜂蛹后才能收存。

为了使生产出来的雄蜂蛹保持日龄一致，可将生产雄蜂蛹的巢脾制作成三段采蛹脾。三段采蛹脾也就是按照标准巢框的内围尺寸，将其分为 3 个巢脾小格，小格可用胶合板制做。每个巢脾小格为 190 毫米×135 毫米，两面约有 1 500 个巢房，与西方蜜蜂蜂王日产卵量一致。造脾时，应先将雄蜂巢础框镶入穿好铁线的巢脾小格内，在大流蜜期加入强群继箱中修造。

（二）产卵群的组织

组织产卵群的目的就是为了在一定的时间内，使蜂王在一张雄蜂巢脾上产下足够数量的未受精卵，以得到日龄一致的雄蜂蛹。产卵群的要求一是要有积极产未受精卵的蜂王，二是巢内或产卵小区内除了雄蜂巢脾外，其他任何巢脾都无空巢房。

组织产卵群有单王产卵群和双王产卵群两种形式。单王产卵群是由一个产未受精卵的蜂王和 4～5 框工蜂组成。双王产卵群有两只蜂王，一只蜂王产受精卵，以维持产卵群的正常发展，另一只蜂王产未受精卵，为生产雄蜂蛹提供大量的未受精卵。双王产卵群的两只蜂王用隔王栅隔开，一侧为正常的育子区，另一侧为产未受精卵区。也可用蜂王产卵控制器将蜂王限制在雄蜂脾上产卵。无论组织哪一种形式的产卵群，产未受精卵的区域都应放一张完整的刚封盖子脾，一张完整的粉蜜脾。雄蜂巢脾就放在这两张巢脾之间。为了使蜂王集中在雄蜂巢脾上产卵，力求在此区域内的其他巢脾无空巢房。

（三）产卵群的管理

产卵群的管理要点是，及时调整产未受精卵区的巢脾，调出快要出房的封盖子脾，调入刚封盖的子脾，始终保持产未受精卵区除雄蜂巢脾外无空巢房；不间断地奖励饲喂，刺激蜂王产卵；及时淘汰产卵力下降的蜂王。单王产卵群不断地被提出卵脾，群内基本断子，应适时补充老熟封盖子或幼蜂，以维持产卵群应有的群势。雄蜂脾加入产卵群后 2～3 天，无论是否已产满卵，都必须将雄蜂巢脾提出，放入哺育群中培育。使用三段采蛹脾生产雄蜂蛹，每一产卵群中一次只加入一段采蛹脾。将同天产卵的三段采蛹脾组成一框完整的雄蜂巢脾，编号后放入哺育群中。

在大流蜜期，雄蜂巢脾加入产卵群后，巢脾上部往往很快就被新采进的蜂蜜充满，影响蜂王在脾上产满未受精卵，导致雄蜂蛹的生产效率降低。出现这种情况，可及时将雄蜂蛹脾中的贮蜜取出，使蜂王继续在其上产卵。如果使用三段采蛹脾生产雄蜂蛹，产卵群中雄蜂蛹脾被贮蜜，可将巢脾小格调头后再嵌入，使已产卵的巢房在上方。这样蜜蜂就会将下方巢房中的贮蜜清理干净，蜂王也会很快地将卵产在清理后的巢房中。

（四）哺育群的组织与雄蜂蛹的培育

为了保证蜂群对大量雄蜂幼虫的充分哺育和饲喂，雄蜂哺育群必须强群、粉蜜充足、无螨害和病害。哺育群的群势应在 10 足框以上。在雄蜂蛹开始培育前，就须彻底防螨治病，以免在培育雄蜂蛹期间用药而造成污染。在雄蜂蛹的培育期连续对蜂群进行奖励饲喂。

对加入哺育群的雄蜂巢脾做好标记，并认真记录，登记产卵日期、哺育群的蜂群号，以及该巢脾计划采收雄蜂蛹的日期等。为了提高哺育群的雄蜂蛹生产效率，可每隔 4 天在哺育群加一张雄蜂卵脾。用三段采蛹脾生产雄蜂蛹，需每 4 群哺育群搭配 3 群产卵群。

如果哺育群中因雄蜂蛹巢脾过多而影响哺育群中正常的蜂脾比例，可将完全封盖后的雄蜂蛹巢脾提出集中培养。封盖雄蜂子脾的集中培养方法是在 12 足框以上的蜂群中，在巢箱和继箱间加一块平面隔王栅，在每个继箱中放入 8～9 张雄蜂封盖子脾。集中培养雄蜂封盖子脾的蜂群，低温时应注意加强保温，高温时应做好遮阴、通风、饲水等工作。

二、雄蜂蛹采收

雄蜂蛹生产非常重要的一点，就是要严格掌握雄蜂蛹的采收日龄。采收过早，雄蜂蛹体表皮太嫩，易破损，采收的难度也较大；采收过迟，雄蜂蛹体表几丁质硬化，甚至羽化出房，影响雄蜂蛹的口感和营养价值。利用西方蜜蜂生产雄蜂蛹，应自卵产出后 21～22 天采收，利用中蜂生产还需提前 1 天。

雄蜂蛹采收前，应先做好清洁环境、工具和用具准备消毒工作。提前取出雄蜂子脾边角上的贮蜜，并让蜜蜂将巢房中的余蜜清理干净。雄蜂封盖子脾从哺育群中脱蜂取出后，平放在空巢框上，双手同时握住空巢框和雄蜂封盖子脾的框耳，轻轻地敲击工作台，使上面一侧巢房中的雄蜂蛹下降到巢房底部，雄蜂蛹的头部与巢房房盖之间出现 3～4 毫米的距离。用锋利的割蜜刀小心地割开房盖。提起雄蜂子脾，用蜂刷扫净脾面上残余的巢房蜡盖、蜡屑等杂物。翻转巢脾，使割开房盖的一面朝下，用木棒轻击雄蜂子脾的上梁，使巢房中的雄蜂蛹震落下来。如果仍有少量的雄蜂蛹没有震落，就把雄蜂子脾放在空巢框上一同震击工作台，最后用镊子取出个别仍留在巢房中的雄蜂蛹。在采收雄蜂蛹时，应以竹编筐或无毒的塑料浅筐盛接雄蜂蛹为宜，尽量不使用金属容器。在采收雄蜂蛹的过程中，应注意保持蛹体完整。雄蜂蛹取出后，应及时剔除日龄不一致的或破损的雄蜂蛹。

三、雄蜂蛹贮存

雄蜂蛹体内含有较多的酪氨酸和酪氨酸酶，在空气中雄蜂蛹中的酪氨酸酶极易促使酪氨酸发生促褐变反应，且热、光与金属接触等都能加速这种反应。在常温下，雄蜂蛹从巢脾取出后1小时就开始变黑。营养丰富的雄蜂蛹极易腐败变质。在气温高于20℃的环境中，取出的雄蜂蛹还可能继续发育老化。雄蜂蛹采收后，应避光冷藏或尽快进行保鲜处理。

（一）低温冷藏法

采收的雄蜂蛹，经剔除日龄不一致和破损的蛹体后，定量装入无毒塑料食品袋中密封，尽快地放入－18℃的冷藏设备中贮存。每袋雄蜂蛹以500克为宜。

（二）酒精浸蛹保鲜法

此方法适用于将雄蜂蛹烘干或冻干成粉，作为保健食品和滋补营养品的原料。每千克雄蜂蛹加入95％酒精100毫升，混合均匀后密封。短期内可放在室温下贮存，长期贮存则需贮存在5℃以下的环境中。如果将雄蜂蛹装入无毒的塑料桶中，可加入30％的酒精浸泡密封，放置在荫凉处，用这种方法在没有冷藏设备的条件下，可保证7天不变质。

（三）盐水煮沸法

用盐水煮沸法处理的雄蜂蛹色泽乳白，蛹体坚实，可作为雄蜂蛹罐头的半成品。在采收雄蜂蛹之前，先用清洁的饮用水和精制食盐以 2∶1 的比例配制成盐水溶液，放入铝锅、不锈钢锅或砂锅内煮沸。在煮沸盐水过程中，须不停地搅拌，促使食盐完全溶解。盐水煮沸且食盐完全溶解后，停火待用。紧接着采收雄蜂蛹，将采下的雄蜂蛹立即倒入锅内盐水中，直到雄蜂蛹占满盐水为止，然后加火煮沸。从盐水和雄蜂蛹被煮沸时开始计时，15～20 分钟停火，用漏勺捞起雄蜂蛹，倒在竹筛中摊开晾干，一直晾到雄蜂蛹体表面无水分为止。将晾干后的雄蜂蛹用布袋装起来挂在通风处，每布袋装雄蜂蛹的数量不宜超过 2 千克。雄蜂蛹交售时，也用布袋盛装，忌用塑料袋。

煮过雄蜂蛹的盐水还可重复使用，每重复使用一次，都应按每千克盐水再加入 150 克食盐充分溶解。采用盐水煮沸法处理的雄蜂蛹，在常温下可保持 3～5 天不变质，长期贮存应放在－5℃以下的冷库中。此方法保鲜成本低，可保持雄蜂蛹的适口性。

如果蜂场距离雄蜂蛹加工生产厂家较近，也可将雄蜂蛹脾脱蜂后固定在蜂箱中，直接运送到雄蜂蛹的收购加工地点。封盖后 11～12 天的雄蜂蛹，在常温下离开蜂群 6 小时内不会死亡。

参 考 文 献

陈尚发，陈明珠．1990. 雄蜂蛹的简易加工保鲜方法. 蜜蜂杂志（5）：10-11.

陈盛禄．2001. 中国蜜蜂学．北京：中国农业出版社．

陈耀春，李仲昌，邱振远，等．1993. 中国蜂业．北京：农业出版社．

葛凤晨，时连贵，于永富．1981. 全地下双洞越冬室．中国养蜂，（4）：6-7.

福建农学院．1981. 养蜂学．福州：福建科学技术出版社．

吴杰，刁青云，等．2011. 蜂业救灾应急实用技术手册．北京：中国农业出版社．

张中印．2003. 中国实用养蜂学．郑州：河南科学技术出版社．

中国农业百科全书养蜂卷编辑委员会. 1993. 中国农业百科全书养蜂卷. 北京：中国农业出版社．

周冰峰．2002. 蜜蜂饲养管理学．厦门：厦门大学出版社．

Browm R. 1985. Beekeeping a seasonal guide. London：B. T. Batsford Led.

Dadant & Sons. 1978. Beekeeping questions and answers. Illinois：Dandant & Sons Inc.

Elbert R. J. 1976. Beekeeping in the midwest. London：University of Illinois Press.

Free J B. 1982. Bees and mankind. London：George Allen & Unwin（Pubishers）Ltd.

John E. 1977. Beekeeping. New Yord：Macmillan Publishing Co.，Inc.

Laidlaw H. H. 1993. Production of queen and package bees. In：Dadant & Sons. The hive and the honey bee. Illinois：M&W Graphics，Inc.，989-1042.

Rodionov V. V.，Shabarshov L. A.. 1986. The fascinating world of bees. Mir probisher Moscow.

Winter T. S. 1980. Beekeeping in New Zealand. Wellington：the New Zealand government printer.

T`Lee Sollenbege. 2002. Frame/Foudation Assembly. American Bees Journal (9)：644.

图书在版编目（CIP）数据

蜜蜂安全生产技术指南/周冰峰主编．—北京：中国农业出版社，2012.5（2014.6 重印）
（农产品安全生产技术丛书）
ISBN 978-7-109-16712-4

Ⅰ.①蜜…　Ⅱ.①周…　Ⅲ.①蜜蜂饲养－指南　Ⅳ.①S894.1-62

中国版本图书馆 CIP 数据核字（2012）第 073304 号

中国农业出版社出版
（北京市朝阳区农展馆北路 2 号）
（邮政编码 100125）
责任编辑　颜景辰

北京中兴印刷有限公司印刷　　新华书店北京发行所发行
2012 年 6 月第 1 版　　2014 年 6 月北京第 2 次印刷

开本：850mm×1168mm 1/32　　印张：6.75
字数：162 千字
定价：18.00 元